居民日常生活安全指南

孙黎明 ◆ 主编

浙江教育出版社·杭州

《居民日常生活安全指南》
编写指导委员会

顾　　问：郑力平　徐翼麟　胡伟华

主　　任：陈子民

副 主 任：邝时忠　俞丽威　谢　力

委　　员：陈森云　吴松松　吴发征　赵秀峰　管青林

　　　　　洪万升　孙艺溙

《居民日常生活安全指南》编写委员会

主　　编：孙黎明

副 主 编：胡来福　徐耀坤　朱金有　杨劭炜

编写人员：任小松　张　旭　纪丽平　汤朝龙　王荣根

　　　　　陈伟平　王汉跃　罗萌芽　蔡纪青　黄幼华

　　　　　周　峰　丁火明　陈绍惠　朱岩华　周晓锋

　　　　　章良旺　刘志岗　饶亚丽　饶绍平　陈丽芬

　　　　　邹珊炜　周建军　张培林　徐时彪　钱国云

　　　　　楼呈志　齐丽华　钟余承

图形设计：徐铭键　陈　侃

序

　　居民日常生活安全是关系人民群众生命财产的大事。党和政府十分重视安全工作，始终将其作为一项民心工程来建设。然而，近年来由于这样或那样的原因，在各类事故中仍屡屡出现由缺乏安全知识而造成的事故或人员伤亡扩大的问题。人们在为之扼腕痛惜的同时，也不免忧虑和深思。

　　孙黎明同志是安监系统的老兵，17 年来一直从事安全生产工作。他谦虚好学、善于思考，工作勤勤恳恳、兢兢业业，是一名热心安全事业的有心人，曾先后获得"全国安监系统先进工作者""浙江省劳动模范"等荣誉称号。编写一册通俗易懂的读本，方便群众知晓掌握日常生活中经常遇到的安全常识及处置方法，是他多年的愿望。退休后，他通过"孙黎明劳模创新工作室"这一平台，牵头组织有关专家编写了《居民日常生活安全指南》一书，意在让更多的人学习、掌握安全常识，防范和减少各类生活意外事故，安享美好、幸福的生活。

　　安全常识并非高深的学问，但对人们的生产生活来说却不可或缺，要将其梳理清楚，以通俗易懂的方式编写出来，实属不易。该书内容丰富、贴近生活、可读性强，虽然在内容编排、文字表述等方面还有改进的空间，但仍不失为一本值得推广的日常生活安全普及读本。

丽水市总工会

2018 年 2 月

编者的话

有人说："安全，是人的第一需要。"人对物质、精神的所有需要必须建立在安全的基础上，因为安全关系到人的健康，甚至生命，皮之不存，毛将焉附？居民日常生活安全，不仅直接关系到家庭的幸福美满，也关系到社会的和谐发展与文明进步。当下，我国人民的精神和物质生活水平不断提高，广大人民群众安居乐业，对安全和健康的期盼十分迫切，要求也越来越高，可以说安全与健康弥足珍贵、千金难买！

其实，在日常生活中谁都希望与安全和健康相伴，但是要做到有意识地预防各类事故发生，最大限度地避免不可预估的损失，则需要了解和掌握一些日常生活安全常识和基本防护技能。经过对近年来居民日常生活安全现状的分析，我们发现不少事故和损失是由人们缺乏安全常识造成的，个中原因和惨痛后果常令人唏嘘不已。因此，我们认为有必要编写一本《居民日常生活安全指南》，通过浅显的文字和图文并茂的形式，向人们介绍一些日常生活中的安全常识，增强人们的安全意识，提高人们处置突发意外事故的能力，避免重蹈覆辙。为此，我们依托"孙黎明劳模创新工作室"，组织安监、公安、消防、国土、建设、气象、电力、交通、农业、市场监管、卫计、水利等多部门和高校的专家，依据国家有关法规及文件精神，编写了《居民日常生活安全指南》一书，目的是让民众了解与日常生活有关的安全常识和法律知识，并且通过学习，能用知识守护生命，从而出入平安，身体健康，幸福美满。

编写《居民日常生活安全指南》一书对我们来说是一种创新和尝试。本书主要内容有：安全意识培养与树立；建房和装修安全、用火安全、用电安全、用气安全、食品卫生安全、家用电器使用安全、居家旅游出行安全、突发事件自救安全、家庭健康安全、个人财产安全；报警与求救、事故的现场救护、事故的应急逃生等。本书针对性、实用性强，通俗易懂，可供个人阅读，也可作为培训教材。

本书在编写过程中，得到了浙江省总工会、浙江省科技厅、浙江教育出版集团、丽水市总工会、国网丽水市莲都区供电公司、莲都区政法委、莲都区总工会、莲都区公安分局等有关部门和单位的大力支持。相关专家为本书各章节的编写和论证付出了辛勤的劳动。在此，一并表示衷心的感谢！

本书系初次编写，难免存在疏漏和不足之处，敬请专家、读者批评指正。谢谢！

编者

2018 年 2 月 28 日于丽水

目录
CONTENTS

第一章

日常生活安全不是奢望，而是必需

第一节 安全：人的本能需求

经济社会发展的核心是人的发展，目的是丰富和改善人们的物质文化生活，提高人们的生活品质。相比于传统生活方式，现代生活方式中人们对生活意外事故更为敏感，对安全的需求也更为强烈。安全健康是幸福生活的基础，马斯洛需求理论认为，一般情况下，生理需求（呼吸、水、食物、睡眠等）和安全需求（人身安全、健康保障、家庭安全、工作职位保障等）是人类最基本的、最低层次的需求，只有在这两个最基本的需求得到满足的前提下，人们才会去追求更高层次的诸如社会交往、受到尊重、自我实现等需求。正如人们常说的，现在生活好了，安全、健康是第一位的，是1，而名利、地位、财富等等都是0，有了1的存在，后面的0才有意义。把对安全、健康的追求放在第一位，与国家强调和重视的树立安全发展理念完全一致。2017年，习近平总书记在党的十九大报告中也多次提到"安全"两字，可以说安全无小事。

生活意外事故，是指日常生活中由于人为原因（直接或间接）造成的意想不到的危害，损害人的生命与健康的事件。现代科学技术的发展，在给人们带来极大物质利益和生活享受的同时，也给人们的生活增添了许多新的危险和安全隐患。在现代生活中，随着新技术的广泛应用和生活方式的变化，如交通意外、火灾、煤气中毒、爆炸、触电、溺水、高处坠落、食品中毒等安全事故不仅易发、多发，而且造成了难以控制的危害和损失，这也给人们带来了许多困扰。

在全球范围内，每年约有350万人死于意外事故，约占人类死亡总数的6％。意外事故是除自然死亡之外人类生命与健康的第一杀手。其中，生活意外事故占的比例最高。在很多经济发达国家，生活意外事故已经成为人类非正常死亡的第一死因。在1993年，美国因生活意外事故造成的死亡人数高达40530人，是生产意外事故死亡人数的4倍；导致失能伤残人数800多万人，是生产意外事故伤残人数的2.6倍；因生活意外事故造成的经济损失，是生产意外事故的2.3倍。正因为如此，长期以来生活意外事故一直是各个国家政府关注的重要问题。如在美国国家安全委员会的《意外事故实情》中，生活意外事故一直是重点统计和分析的内容。在日本，全社会都非常关心家庭的安全问题。据统计资料，日本在20世纪80年代，每年生产意外事故死亡人数在5000人左右，而生活意外事故死亡人数则高达4万人，其中除了交通事故（占生活意外事故的一半）以外，最多的是家庭意外事故。在世界范围内，有一个对比非常明显的现象：由于政府管理的重视和科学技术的发展，生产意外事故发生率在逐年下降，然而生活意外事故发生率却在逐年上升。这个现象值得引起重视。发生生活意外事故的主要原因是：民众安全意识淡薄，缺乏必要的安全教育培训，对简单的安全技能知之甚少，在生活中存在侥幸心理；生活用品及设施的设计重视功能而忽视安全性；等等。

百姓安居、社区和谐是文明城市创建的前提和基础，也是文明城市创建的目标。在党的十九大报告中，习近平总书记提出"弘扬生命至上、安全第一的思想"，因为生命之于人只有一次，最稀缺也最宝贵。

家庭是社会的细胞。家是温暖的避风港，家是心灵的港湾，家是每个人一生的加油站，家是握在手里盈盈一脉的馨香，家是用爱一砖一石砌出来的城堡。家在许多人的心中是温暖、爱和亲情的代名词。一个幸福的家庭最需要的是快乐和平安。

居民日常生活就应该安全，应该"没有危险、不受威胁、不出事故"。只要我们时刻绷紧安全这根弦，掌握必要的安全知识，就能让快乐平安陪伴我们一生，让家时刻散发出温馨浪漫的气息。

第二节 唤醒人们的安全意识

一、注重安全，美好生活

现代社会无论是在生产过程还是生活过程中，科学技术的广泛渗入以及生产方式与生活内容的不断改变，使得危险和危险因素不断增多，发生意外事故和遭遇灾害的可能性不断增大，导致损害人们的生命与健康、损失社会财产与资源的状况变得越来越严重。安全涉及人们生产、生活的方方面面，人们的安全活动（技术、工程、教育、管理等）不仅能促进生产的发展，而且有利于生活水平的提高。若要日常生活更安全，一方面要大力发展安全科学技术，尽可能提高物质和环境的安全水平；另一方面也需要建设安全文化，增强人们防范各种伤亡事故的意识。安全文化以改进"人本"为目的，通过创造良好的人文环境来实现人们总体的安全（安全生产和安全生活）。因此，安全文化建设应该以意外事故的共性为研究对象，研究意外事故发生的规律，以实现生存安全为目的。这主要包括四个方面的内容：

006

一是安全生产与安全生活的规律在面对意外事故方面没有本质的区别。科学的本质在于遵循事物的规律，安全科学应以安全客观的研究对象为基本的出发点。人们生存和发展中的"意外事故"是安全科学研究的基本对象，这一对象无论在生产还是在生活的过程中都具有共同的本质、属性和规律，对其进行研究、认识，从而进行有效的控制和防范，无论对于安全生产或安全生活都能发挥作用，产生效益。

二是安全文化不仅包含安全生产的文化，同时也包括人类安全生活的文化。文化在人类生存和发展的过程中，是一种极为基本和广泛的现象。安全文化同样也广泛地表现在人类安全观念和行为的各个层面，并作用于各种安全活动（研究、分析、思维、决策、管理、控制）过程之中。无论是生产还是生活，安全的观念、安全的行为以及安全的物态，时时处处对人发挥着作用和影响。

三是安全生产与安全生活相互影响，相互作用。大众的安全文化或生活中的安全文化，不仅对人们安全生活本身是重要的人文基础，也是安全生产的"人本"基础，对于安全生产具有直接或间接的影响和作用。这是由于人在生活中形成的安全观念和行为准则，必然会带到生产过程之中，从而对安全生产的观念和行为发生影响和作用。甚至有些安全生产的观念和行为准则本身就是在生活中形成的安全观念和准则。因此，为了保障安全生产，建设企业安全文化，可以从建设生活中的安全文化入手。

四是重视安全文化建设，当前意外事故仍然频发，尤其是生活意外事故所造成的伤亡远远大于生产意外事故，与改善民生、保障民众幸福生活，营造和谐、美丽的社会环境仍有很大差距。因此，如何防范和控制生活意外事故的发生，是当前做好社会管理的一项十分迫切的任务。

二、共同努力，更加安全

倡导安全文化建设，推动安全科学技术进步，提高人们生活

安全保障水平，是时代的需要和民众的期盼。长期以来，对发生在家庭和社会公共场所的意外事故的研究相对较少，人们的安全意识和技能比较缺乏，以至于一些生活中的意外伤害事故屡屡发生并造成惨重损失，令人扼腕痛惜。随着社会的进步和发展以及生活方式的变化，生活中的危险因素也越来越繁多和复杂。因此应该加强这方面的宣传和研究，并采取适合我国国情的对策和措施。

首先，应加强防范意外事故的宣传，增强民众的安全意识和应急自救能力。有条件的地方可建设一些安全展览馆、体验馆之类的场所，让人们接受生动直观的教育和培训。学校、社区、小区等也可多组织一些生活安全常识的宣传活动和应急逃生自救演练。日本和新加坡常年开展"家庭安全运动"，这种做法很值得我们借鉴。

绊人的桩不在高，违章的事不在小。

其次，要加强生活安全指导管理的研究，促使人们养成安全防范意识和安全规范行为习惯。比如制定一些法规，对危险性较大的生活用品和设施的生产进行监管、检验，督促其提高质量；禁止一些事故伤害概率较大的生活方式和行为等，以此来降低生活意外事故发生的可能性。

再次，可采取"官助民办"的办法，鼓励社会资源参与生活事故研究管理。如借助行业协会、学会以及慈善组织等民间团体，对小范围事故发生规律开展研究，及时提出有效的预防措施和办法，真正做到"预防为主"。

第二章
让我们的日常生活更安全

第一节 住得放心

一、选好宅基地

房屋选址应尽量避开地质灾害危险区，不宜选在不稳定的山体、陡坡坡脚、有危岩的山坡、泄洪道边缘、山区的冲沟底部及冲沟口附近、高压线路和低压线路的下方、不安全的建筑物附近等处建房，尽量避免利用切坡或在斜坡上以半填半挖等方式建房。

若在地质灾害易发区建房，应当进行地质灾害危险性评估，并根据评估结果做好相应的防范措施，应当按照相关规范进行设计和施工，符合防治地质灾害的要求。如在陡坡坡脚、冲沟边建房，房屋与陡坡、冲沟沟岸之间要有足够的安全距离或做好切实的安全防护工程。

011

二、施工安全

（一）施工人员安全

施工人员在施工前应进行安全教育。施工时，应注意正确使用个人防护用品，认真落实安全防护措施。进入施工现场，必须佩戴好安全帽，长发不得外露。在没有防护设施的工地及高空和陡坡施工时，必须系好安全带（绳）；严禁穿拖鞋、高跟鞋、裙子、大脚裤或光脚进入施工现场。

施工人员在施工前或施工过程中不可饮酒，不能在施工现场吸烟、互相嬉戏打闹或上下抛掷物件，不许攀附脚手架、物料提升机、大型机械设备，不许乘坐物料提升机吊笼或跨越防护设施。

好家伙，幸好系了安全绳。

从事垂直运输机械操作、安全拆卸、电工作业、起重机械作业、金属焊接（气割）作业、机动车辆驾驶、建筑登高架设作业等特种作业的人员，必须经过专门培训，在考核合格、体检符合要求、取得操作证后，方准上岗作业。

起重机作业时，起重臂和重物下方严禁人员停留、工作或通过。作业区应设置警戒线，悬挂警戒标志，并派专人监护。

农民自建房屋，应要求施工方在施工前为施工工人投保责任险、意外伤害险。

（二）施工用电安全

施工用电必须由专业电工负责安装、运行和维护电气设施。

不能在高、低压线路下方搭设作业棚、建造生活设施或堆放构件、材料及其他杂物等。施工现场夜间临时照明电线及灯具，室内高度不得低于 2.5 米，室外高度不得低于 3 米。禁止在施工现场乱拉电线，架空线必须架设在专用电杆上，严禁架设在树木、脚手架上。电杆应采用混凝土电杆，不得采用竹竿。

在建工程（含脚手架）的周边与架空线路边线的最短安全操作距离如下表：

外电线路电压等级(千伏)	<1	1~10	35~110	220	330~500
最短安全操作距离(米)	4	6	8	10	15

所有的配电箱、开关箱在使用时必须按照规定顺序操作。送电操作顺序：总配电箱→分配电箱→开关箱。停电操作顺序：开关箱→分配电箱→总配电箱（出现电气设备故障和紧急情况时应断开就近配电箱的开关）。

配电箱应采用符合规范的安全型金属介质或绝缘介质的电箱，并做好防雨及防砸措施，设门加锁。在总配电箱、分配电箱和移动开关箱上应按"三级配电三级保护""一机一闸一漏一箱"原则，分别设置相对应的漏电保护器。固定配电箱安装位置应离地 1.3 米以上，移动开关箱应离地 0.6 米以上。漏电保护器的选择应符合 GB6829-86 的规定，漏电保护器的安装和运行必须符合 GB1395-92 的规定。末级配电箱漏电动作电流小于 30 毫安，额定漏电动作时间均小于等于 0.1 秒。用于潮湿场所的漏电保护器其额定漏电动作电流应不大于 15 毫安，额定漏电动作时间应小于 0.1 秒。金属介质的配电箱箱体及门均设接地保护，做重复接地。

（三）施工机械设备操作安全

严禁拆除施工机械设备的自动控制机构、各种限位器等安全装置及监测、指示、仪表警报等自动报警、信号装置。施工机械要保护接零，并装设单机漏电保护器。不得使用平刨机、圆盘锯合用一台电机的多功能木工机械。

机械作业时，操作人员不得擅自离开工作岗位或将机械交给非本机操作人员操作。严禁无关人员进入作业区和操作室。不得在机械设备运转时进行维修、保养、清理，机械设备的调试和故障排除应由专业人员负责。

（四）拆除工程安全

由于部分新房是在旧房地址上建设的，建设前需将旧房拆

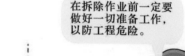

除，应将拆除工程委托给具有拆房资质的施工单位，且必须与拆房施工单位签订安全责任书，明确各自的安全责任。如需自行拆除，应注意安全。

在拆除作业前一定要做好一切准备工作，以防工程危险。

拆除作业前，作业人员必须弄清专项拆除工程的安全技术措施，认真听取安全技术交底。必须对要拆除的建筑物的结构部位和周围环境情况进行详细检查，必须由专业人员先将电、水、燃气等管线切断、拆除或进行迁移。

拆除前，作业区域四周必须设置围栏、拉警戒线并挂警示标志牌，并派专人监护，禁止非作业人员进入作业区。如发现有坍塌危险，应立即停止作业，撤出作业区域。

拆除作业必须按拆除方案规定的顺序，自上而下进行，禁止数层同时拆除。应先拆次要结构，后拆承重支柱和横梁。禁止采用底部掏空后推拉倒的野蛮方法。

三、最美的装修

（一）保证房屋结构安全

不随意改变房子结构，尤其是不改变房屋功能分区、原有防火设施，以防止埋下安全隐患。例如：若将厨房改成卧室，一旦燃气泄漏，后果不堪设想；若将外阳台改成厨房或卧室，有可能因外阳台楼板的承重过大，导致楼板断裂脱落，发生安全事故。

不得随意在承重墙上穿洞、拆除连接阳台和门窗的墙体以及扩大原有门窗尺寸或者另建门窗，这种做法会造成楼房局部裂缝、降低抗震能力，从而缩短楼房使用寿命。不因排放管线而凿墙切断钢筋，避免在混凝土圆孔板上凿洞、打眼、吊挂顶棚以及安装艺术照明灯具。

如确实需要改造房屋原有结构，必须经专业设计人员设计，通过浇注混凝土过梁或架设钢梁等方法进行加固，以确保房屋安全。有些居民为了追求好的装修效果，会把房屋承重墙拆掉，这种做法会造成楼体应力结构变形，房屋结构会变得脆弱，发生毁灭性坍塌的可能性很大。好的装修效果和人身安全相比，安全还是应该放在第一位。

安装防护设施时，栏杆高度不能低于 1.1 米，下面有人通行或上面可能因物品坠落伤人时，应增设踢脚挡板。边坡高度大于 2 米的，需设置防护栏杆。安装防盗窗需设置移动门窗，便于紧急情况下疏散逃生。外窗不得设置防盗网等影响逃生和灭火救援的障碍物；确需设置的，应当易于从内部开启。有蛇患危险的场所，需设置钢板网（10 毫米×10 毫米）。

（二）电气及线路安装

1. 电气的安装要求。

进户配电箱内应设带漏电保护器的总开关，漏电动作电流为 30 毫安以下，动作时间为 0.1 秒，并具有过负载、过电压保护

功能，再根据家庭实际需要接出分路开关，分别控制照明、空调、插座等回路。

电气装置应接线牢固，接触良好，非带电金属部分应可靠接地。

功率较大的用电设备（如空调、电热水器、微波炉、烤箱、浴霸等）宜单独设置回路配线，并选用 ISA 单相插座。

空调外机底部高度不能低于 2.5 米，如果达不到要求，外壳要有接地或接零保护措施。

2. 插座、开关的安装要求。

家用电器采用单相插座作为电源接插件的接电方式。

单相二眼插座的安装要求是：当孔眼横排列时为"左零右相"，竖排列时为"上相下零"。

单相三眼插座的接线要求是：最上端的接地孔眼一定要与接地线接牢、接实、接对，绝不能不接，余下的两孔眼按"左零右相"的规则接线，值得注意的是零线与保护接地线切不可错接或接为一体。

视听设备、台灯、接线板等普通电源插座、暗装插座一般安装在距地面 0.3 米处，且安装在同一高度。为防止儿童用手指触摸或用金属物插捅电源的孔眼而触电，一定要选用带有保险挡片的安全插座。洗衣机的插座应距地面 1.2 米至 1.5 米。电热水器的插座应在热水器右侧距地面 1.4 米至 1.5 米处安装，注意不要将插座设在电热水器上方。

空调、排气扇等电气设施的插座距地面 1.9 米至 2 米，空调插座的安装还应注意：一个空调供电回路中，插座不要超过 2 个，大容量柜式空调宜单独设电源插座；1.5 匹以上空调应该选用 16 安插座；1.5 匹以下空调可以选用 10 安插座；壁挂式空调电源插座安装高度一般不低于 2.2 米。

电冰箱应配用独立的带有保护接地的三眼插座，插座距地面0.3米或1.5米（可根据冰箱位置及尺寸而定）。抽油烟机的插座也要使用三眼插座，严禁自做接地线接于燃气管道上，以免发生严重的火灾或爆炸事故。金属外壳的家用电器也必须采用三眼插座，内接接地保护线。

客厅插座可根据电视柜和沙发而定，露台的插座应距地面1.4米以上，且尽可能避开阳光、雨水所及范围。厨房、卫生间因家用电器较多，宜单独设电源插座回路，卫生间插座应选用防溅式插座（带有防水罩）。卧室、起居室等以照明为主的房间可按数量的多少设 2～3 个电源插座回路，插座回路应设漏电保护器。

数个开关并排安装或多位开关，应将控制电器位置与各开关功能位置相对应，如最左边的开关应当控制相对最左边的电器。照明灯具应分别单独安装开关，组合灯具可分组控制。根据需要可安装双控开关。电源开关一般离地面 1.2 米至 1.4 米，且安装在同一高度，相差不超过 5 毫米。

3. 照明灯具的安装要求。

安装前，灯具及其配件应齐全，并应无机械损伤、变形、油漆剥落和灯罩破裂等缺陷。

当在砖石结构中安装电气照明装置时，应采用预埋吊钩、螺栓、螺钉、膨胀螺栓、尼龙塞或塑料塞固定，严禁使用木楔。当设计无规定时，上述固定件的承载能力应与电气照明装置的重量相匹配。

采用钢管作灯具的吊杆时，钢管内径应不小于 10 毫米，钢管壁厚度应不小于 1 毫米。吊链灯具的灯线不可受拉力，灯线应缠绕在吊链上。软线吊灯的软线两端应加保护扣，两端芯线应搪锡。室内同一场所成排安装的灯具，其中心线偏差应不大于 5 毫米。灯具固定应牢固可靠，每个灯具固定用的螺钉或螺栓应不少于2个。

螺口灯头的接线要求：相线应接在中心触点的端子上，零线应接在螺纹的端子上；灯头的绝缘外壳不应有破损，以免漏电；带开关的灯头，开关手柄不应有裸露的金属部分。装有白炽灯泡的吸顶灯具，灯泡不应紧贴灯罩；当灯泡与绝缘台之间的距离小于5毫米时，灯泡与绝缘台之间应采取隔热措施。

阳台，尤其是封闭式阳台，应安装照明灯具。阳台照明线宜穿管暗敷。若造房时未预埋，则应用护套线明敷。

室外安装的灯具，距地面的高度不宜低于3米；在墙上安装时，距地面的高度应不低于2.5米。

4. 电源线的选择及安装要求。

入户电源线线径的选择需满足家庭用电总量的要求，并留有一定的余量，避免负荷过载。如发现入户线与树木、建筑物直接接触，为防止电线被磨破，应及时剪伐树木，或在入户线上加套绝缘套管。线路接头应确保接触良好、连接可靠，严禁私自从公用线路上接线。输电线路应与树木、房屋保持足够的安全距离，如下表：

电压等级（千伏）	<1	1～10	35	66～110	154～220	330	500
间距（米）	1.0	1.5	3.0	4.0	5.0	6.0	8.0

电气线路应采用符合安全和防火要求的敷设方式配线，采用阻燃型塑料管保护。塑料护套线不应直接铺设在抹灰层、吊顶、护墙板内。应加金属或 PVC 护套，线头部位必须防护到位。电源线线径应与负荷相匹配，一般用于插座的电源线为单芯4平方毫米铜芯线，3匹以上空调电源线用单芯6平方毫米铜芯线，总进线则采用10平方毫米单芯铜芯线。要使用三种不同颜色外皮

的塑质铜芯导线，以便区分相线、零线和接地保护线，接地线应采用专用黄绿双色接地线。

弱电线路，包括电话、有线电视、防盗报警器、消防报警器和燃气报警器等的配线与电源线应使用不同的电线或电缆，敷设时要保持一定距离，不得与电源线同管敷设、同出线盒（中间有隔离的除外）、同连接箱安装。

弱电线路的配线可以采用暗敷或明敷的方式敷设，可采用钢管保护。

防雷接地线路与热水管间平行敷设距离规定如下：热水管在下方时，应不小于 30 厘米；热水管在上方时，应不小于 20 厘米；交叉敷设时，应不小于 10 厘米。热水管应设保温层。防雷接地和电气系统的保护接地应分开设置，防雷接地电阻必须符合电气防雷要求。

电力管线及设备与燃气管线水平净距不得小于 10 厘米，电线与燃气管交叉净距不小于 3 厘米。

（三）燃具的选用

1. 燃具的选购。

选用合适、合格的器具，燃气灶应放在通风良好、周围无易燃物的地方，使用燃气时，必须有人照看。

应根据使用的气种选购有熄火保护装置的燃具。使用液化石油气的就选购液化石油气灶具、热水器，使用天然气的就选购天然气灶具、热水器，不能选错。应选用强制排风的热水器，严禁使用直排式热水器。

皮管应选购带有防鼠咬钢丝网的专用燃气皮管（建议使用燃

气专用不锈钢波纹管），皮管长度最长不超过 2 米。

家庭灶具应选用家用减压阀，严禁使用中压减压阀。选购时最好选用有沟槽的减压阀，这种减压阀 O 形圈不易脱落，也可防止换瓶时带走 O 形圈，造成漏气。

2. 燃具的安装使用。

燃具必须由有资质的燃气专业人员上门安装。液化石油气灶具、热水器严禁在地下室、半地下室中使用。天然气、液化石油气都不能在卧室中使用。家中存放钢瓶一般不超过 3 只（约 100千克），存瓶总重量超过 100 千克时应设置专用气瓶间，可将与用气建筑相邻的单层专用房间设为气瓶间。

燃具应安装在通风场所。任何类型的热水器都应将烟道接出室外，烟道式热水器最好有一氧化碳过量保护装置。使用有问题或安装不规范的热水器，如安装燃气热水器的房间没有室外通风的条件，烟道式和强排式燃气热水器未安装接出室外的烟道等，使用者容易因通风不畅而一氧化碳中毒或缺氧窒息。燃具同皮管接口处必须用卡扣固定，以防止皮管脱落，造成燃气泄漏，发生事故。禁止燃气管道通过客厅、卧室、卫生间，禁止私自包封、拆装、改装管道燃气设施或者进行危害室内管道燃气设施安全的装饰装修活动，燃气管道一定要包封或改装的，必须按《城镇燃气设计规范》要求进行包封或改装，并且必须请燃气公司或有资质的专业单位进行施工。

3. 燃具的维修更换。

钢瓶、管道燃气带嘴阀前的全部设施（包括表、球阀、管道）应由燃气公司进行维修更换。灶具、热水器使用年限为 8年，皮管一般使用年限为 18 个月，减压阀一般使用年限为 2 年，厂家有注明使用年限的，按厂家注明的使用年限执行。

灶具、热水器、皮管、减压阀到了报废年限，必须及时更换。

燃气器具在有效期内出现故障需要维修，应请有资质的燃气专业人员进行维修或送厂家保修点进行维修。

（四）装修施工安全

家庭装修要提倡使用防火、非燃或阻燃材料，所有电气线路均应穿套管。接线盒、开关、槽灯、吸顶灯及发热器件周围应用非燃材料进行防火隔热处理。

应尽可能选择轻质材料，特别是楼层在二层以上的。未经房屋安全鉴定的房屋装饰，地面装饰材料的重量不得超过 40 千克/平方米。

应尽量挑选无污染、无毒的环保型材料和家具。装修时要注意开窗通风，使家具油漆和人造纤维板等装修材料中挥发出来的苯、酚类及甲醛等对人体有害的物质有效排出，以防中毒。油漆、稀释剂等易燃品应存放在离火源远、阴凉、通风、安全的地方，施工现场严禁吸烟，不得使用明火。装修完毕后，应对室内空气质量进行检测，务必将室内有害物质含量控制在国家限量标准线以下。

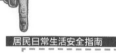

第二节 火灾无情

一、了解常识，利人利己

（一）火灾及其危害

火灾是指在时间和空间上失去控制的燃烧所造成的灾害。火灾所造成的危害主要有：人员伤亡，财产损失，造成不良的社会和政治影响，生态平衡被破坏。

（二）公民消防安全责任和义务

任何单位和个人都有维护消防安全、保护消防设施、预防火灾、报告火警的义务。

任何人发现火灾都应当立即报警。任何单位、个人都应当无偿为报警提供便利，不得阻拦报警，严禁谎报火警。

任何单位、个人不得损坏、挪用或者擅自拆除、停用消防设施、器材，不得埋压、圈占、遮挡消火栓或者占用防火间距，不得占用、堵塞、封闭疏散通道、安全出口、消防通道。

火扑灭后，发生火灾的单位和相关人员应当按照公安机关消防机构的要求保护现场，接受事故调查，如实提供与火灾有关的情况。

（三）如何拨打"119"报警电话

发现火灾应当立即拨打 119 电话报警。

要说清起火的具体地点、着火物质、火势大小、有无人员被困、报警人的姓名和联系电话等。要尽量保持通话畅通，并到就近的路口引导消防队尽快到达火

灾现场。

二、家庭火灾的常见原因及预防措施

(一) 电气火灾

引起电气火灾的原因主要有：电气线路故障，如短路、过负荷、电弧性放电等；电器设备故障；电加热器具烤燃周围可燃物等。

预防电气火灾应注意以下几方面：

家用电器必须购买合格产品，正确操作使用，不使用时及时关闭电源。

家用电器应摆放在防潮、防晒、通风处，周围不要存放易燃、易爆物品。

电源接线板不要同时使用多种大功率电器，使用后要及时拔下电源插头。

使用电加热设备时要有人照看。熨烫衣物后不要把电熨斗直接放在可燃、易燃物品上，要等电熨斗完全冷却后再收藏起来；电暖器不要靠近床铺、窗帘、沙发等可燃物。电热毯通电时间过长、折叠不当或受潮等容易引发火灾。

白炽灯、射灯等要与可燃物保持 50 厘米以上的距离，不要用报纸等可燃物包裹灯泡。

时常检查电气线路的插头、插座是否牢靠，是否超负荷使用，有无电火花产生，过载保护装置性能是否可靠，设备绝缘是否良好，电线是否老化或破损，做好维护工作。

应当将电动车停放在安全地点，充电时确保安全。严禁在建筑内的共用走道、楼梯间、安全出口处等公共区域停放电动车或者为电动车充电。尽量不要在个人住房内停放电动车或为电动充电；确需停放和充电的，应当落实隔离、监护等防范措施，防止发生火灾。

电动车怎么自己会着火啊？

（二）生活用火不慎

生活用火不慎主要有余火复燃、照明不慎、烘烤不慎、油锅起火、燃气（油）炉具故障及使用不当、烟道过热蹿火或飞火，以及蚊香使用不慎等。

预防因生活用火不慎引发火灾应注意以下几方面：

快来人呀！火被浇灭啦！煤气漏了。

厨房用火要有人照看。做到人离时火熄灭、电源断开、气源阀门关闭。在外出和晚间入睡前，要关闭气源阀门。

液化石油气钢瓶应保持直立，不要加热、烘烤、摇晃、卧放或暴晒；发现燃气管道或燃气软管有燃气泄漏，要迅速用湿抹布盖住阀门将其关闭，打开门窗通风，严禁使用明火和启动室内任何电源开关。

油锅加热时严防火势过猛、油温过高造成的起火。

厨房尘垢油污、烟囱及油烟机通风管道应经常清理，防止油脂沉积而引发火灾。

使用蜡烛、蚊香时，要远离窗帘、蚊帐、书架等可燃物。

使用明火取暖用具时，应当与家具、门窗等可燃物保持一定的距离；不能用汽油、煤油等易燃物品做引火源。

真不该在床上吸烟。

（三）吸烟

卧床吸烟、乱扔烟头或火柴等均可能引发火灾。未熄灭的烟头中心温度可达 700 ～ 800℃，能引燃许多可燃物，从而引发火灾事故。

预防因吸烟引发的火灾应注意以下几点：

不躺在床上或沙发上吸烟，不乱扔烟头。

严禁在禁火区内吸烟。

未熄灭的烟头和火柴不能随意丢弃，一定要熄灭后放入烟灰缸内。

（四）玩火

儿童玩火易引发火灾。要教育儿童不玩火，将打火机和火柴放在儿童拿不到的地方。

不要玩火，太危险了。

（五）随意燃放烟花爆竹

预防烟花爆竹火灾事故的注意事项有以下几点：

到有烟花爆竹经营许可证的销售点购买，燃放时遵守安全燃放规定，注意消防安全，燃放后要对现场进行检查清理。

在空旷的地带燃放，不在禁止区燃放烟花爆竹，不在窗口、阳台、室内和可燃物周边燃放烟花爆竹。严禁将烟花爆竹丢入窨井内燃放，以免引爆窨井内的易燃气体造成伤害事故。

烟花爆竹不存放在靠近火源、热源、电源的地方。禁止儿童将烟花爆竹放到口袋中。

三、扑灭初起火灾

火灾初起阶段，一般燃烧面积比较小，火势较弱，如果采取正确的方法，较易将火扑灭。如果错过了初起阶段灭火的时机或初起阶段灭火失败，就可能使火势蔓延，造成严重损失。

（一）火灾征兆的识别

1. 烧焦的味道：突然闻到有东西烧焦的煳味，应引起警觉。

2. "起火"的呼叫：听见"起火啦"的呼叫，应马上赶到现场查看并合理处置。

3. 烟气的警告：烟是最明显的火灾征兆，看见烟，就意味着情况可能非常危险。

（二）扑救初起火灾的原则

1. 发现火情，沉着镇定。发现起火时，首先要保持沉着冷静，理智分析火情。如果是在火灾的初起阶段，燃烧面积不大，可考虑自行扑灭。如果火情发展较快，要迅速逃离现场，向外界寻求帮助。

2. 扑灭小火，争分夺秒。当刚发生火灾时，应争分夺秒，奋力将小火控制、扑灭；千万不要惊慌失措地乱跑乱叫，置小火于不顾而酿成大灾。

3. 儿童和老人，逃生要紧。儿童和老人的处置能力和逃生能力相对较弱，容易发生伤亡，发现火灾要第一时间选择逃生。

4. 大声呼救，及时报警。"报警早，损失少"，一旦发现火情，既要积极扑救，又要大声呼救、及时报警。

5. 生命至上，救人第一。火灾现场如果有人受到火势的围困，首要任务就是把受困的人员抢救出来。

（三）灭火的基本方法

1. 冷却灭火法。如将水、泡沫、二氧化碳等灭火剂直接喷洒在燃烧的物体上，使可燃物的温度降低到燃点以下，从而使燃烧停止。

2. 窒息灭火法。如使用泡沫灭火器喷射泡沫覆盖在燃烧物表面，油锅着火时立刻盖上锅盖，利用湿棉被或沙土覆盖在燃烧物表面等。

3. 隔离灭火法。将已着火物体与附近的可燃物进行隔离，从而使燃烧停止。如关闭阀门，搬离与着火区毗连的易燃物等。

4. 化学抑制法。如干粉灭火剂是通过化学作用，破坏燃烧的链式反应，使燃烧终止。

027

（四）常见的初起火灾扑救方法

1. 油锅火灾。油锅起火时千万不要往锅里浇水，因为高温油遇到冷水，油火会到处飞溅。有效扑灭油锅火灾的方法是：用锅盖盖住起火的油锅或用手边的大块湿抹布覆盖住起火的油锅，使燃烧的油火与空气隔绝；如果厨房里有切好的蔬菜可沿着锅的边缘倒入锅内，温度降低，火就自动熄灭了。

2. 电气火灾。首先要切断电源，确定电路或电器无电时，可用水扑救；电视机、微波炉等电器着火后，在断电的情况下，可用湿棉被、湿毛毯等覆盖，防止电器着火后爆炸伤人。

3. 液化气钢瓶火灾。首先要关闭阀门，关闭阀门时要防止手被烧伤或烫伤，可用湿毛巾保护。若阀门失灵无法关闭，则不应盲目灭火，应及时拨打 119 电话报警，移开附近的可燃物，防

止火势蔓延、扩大。

四、火场自救要诀

一旦发生火灾，在浓烟毒气和烈焰包围下，有人可能葬身火海，也有人能死里逃生幸免于难。"只有绝望的人，没有绝望的处境"，面对滚滚浓烟和熊熊烈焰，只要冷静机智，运用火场自救与逃生知识，就有极大可能拯救自己。因此，多掌握一些火场自救的要诀，也许就能在困境中获得第二次生命。

第一诀：逃生预演，临危不乱。

每个人对自己工作、学习及居住的建筑物的结构及逃生路径要做到了然于胸。必要时可集中组织应急逃生预演，以熟悉建筑物内的消防设施，掌握自救逃生的方法。这样，火灾发生时，就不会觉得走投无路了。

第二诀：熟悉环境，牢记出口。

当你处在陌生的环境时，如酒店、商场、娱乐场所等，为了自身安全，务必留心疏散通道、安全出口及楼梯方位等，以便关键时刻能尽快逃离现场。

第三诀：通道出口，畅通无阻。

楼梯、通道、安全出口等是火灾发生时最重要的逃生之路，应保证畅通无阻，切不可堆放杂物或设闸上锁，以便遇到紧急情况时能安全、迅速地通过。

第四诀：扑灭小火，惠及他人。

当发生火灾时，如果发现火势并不大，尚未造成很大威胁，且周围有足够的消防器材，如灭火器、消防栓等，应奋力将小火控制、扑灭；千万不要惊慌失措、乱叫乱窜，因置小火于不顾而酿成大灾。

第五诀：保持镇静，明辨方向，迅速撤离。

突遇火灾，面对浓烟和烈火，首先要强令自己保持镇静，迅速判断危险地点和安全地点，决定逃生的办法，尽快撤离险境。千万不要盲目地跟从人流、相互拥挤、乱冲乱窜。撤离时要注意，朝明亮处或外面空旷的地方跑，要尽量往楼层下面跑，若通道已被烟火封阻，则应背向烟火方向离开，通过阳台、气窗、天台等逃生。

029

我的家当啊！

第六诀：不入险地，不贪财物。

在火场中，人的生命是最重要的。身处险境，应尽快撤离，不要因害羞或贪恋贵重物品，而把宝贵的逃生时间浪费在穿衣或寻找、搬离贵重物品上。已经逃离险境的人员，切莫重返险地，再陷绝境。

第七诀：简易防护，蒙鼻匍匐。

逃生时经过充满烟雾的地方，要防止烟雾中毒、缺氧窒息。为了防止浓烟呛入，可采用毛巾、口罩蒙鼻，匍匐撤离的办法。因热空气上升，浓烟会离地面有一定的距离，贴近地面撤离是避免烟气吸入的最佳方法。穿过烟火封锁区时，应佩戴防毒面具、头盔、阻燃隔热服等护具，如果没有这些护具，那么可向头部、身上浇冷水，或用湿毛巾、湿棉被、湿毯子等将头、身裹好。

第八诀：善用通道，莫入电梯。

按规范标准设计建造的建筑物，都会有两条以上的疏散楼梯或安全通道。发生火灾时，要根据情况选择进入相对安全的通道。除可以利用楼梯外，还可以利用建筑物的阳台、窗台、屋顶等转移到周围的安全地点，再沿着落水管等建筑结构中的凸出物

火灾逃生，不可乘坐电梯。

安全出口→

滑下楼。在高层建筑中，电梯的供电系统在火灾发生时随时会断电，电梯可能因高温而变形，此时乘梯可能会被困在电梯内。同时，由于电梯井犹如贯通的烟囱般直通各楼层，有毒的烟雾将直接威胁被困人员的生命。因此，千万不要乘普通的电梯逃生。

第九诀：缓降逃生，滑绳自救。

在安全通道已被堵、救援人员不能及时赶到的情况下，可以迅速利用身边的绳索或床单、窗帘、衣服等自制简易救生绳，用水打湿后，从窗台或阳台沿绳缓缓滑到下面楼层或地面，安全逃生。

第十诀：避难场所，固守待援。

假如用手摸房门已感到烫手，此时一旦开门，火焰与浓烟势必迎面扑来，而且逃生通道可能已被切断且短时间内无人救援。这时候，可采取创造避难场所、固守待援的办法。首先应关紧迎火的门窗，打开背火的门窗，用湿毛巾、湿布塞堵门缝或用水

怎么办？门把手已经很烫了！我们不能出去。

快把被子、床单弄湿，塞堵门缝！泼水给门降温！

浸湿棉被将门窗蒙上，然后不停地浇水，防止烟火渗入，固守在房内，直到救援人员到达。

第十一诀：缓晃轻抛，寻求援助。

被烟火围困暂时无法逃离的人员，应尽量待在阳台、窗口等易于被人发现且能避免烟火近身的地方。在白天，可以向窗外晃动鲜艳衣物，或外抛轻型晃眼的东西；在晚上，即可以用手电筒不停地在窗口闪动或者敲击东西，及时发出有效的求救信号，引起救援者的注意。因为消防人员进入室内都是沿墙壁摸索行进，所以在被烟气阻碍失去自救能力时，应努力滚到墙边或门边，便于消防人员寻找、营救。此外，滚到墙边也可防止房屋因结构塌落而砸伤自己。

第十二诀：火已及身，切勿惊跑。

火场中的人如果发现身上着了火，千万不可惊跑或用手拍打，因为奔跑或拍打时会形成风势，加速氧气的补充，使火势更旺。当身上的衣服着火时，应赶紧设法脱掉衣服或就地打滚，压灭火苗；能及时跳进水中或让人向身上浇水，喷灭火剂就更有效了。

第十三诀：跳楼有术，也能求生。

身处火灾烟气中的人，精神上往往陷于极度恐惧和接近崩溃的状态，惊慌的心理极易导致不顾一切的伤害性行为，如跳楼逃生。应该注意的是，只有消防队员准备好救生气垫并指挥跳楼时、楼层不高（一般4层以下）或非跳楼求生无望的情况下，才可采取跳楼的方法。即使已没有任何退路，若生命还未受到严重威胁，不要选择跳楼，要冷静地等待消防人员的救援。跳楼也要讲究技巧，跳楼时应尽量往救生气垫中部跳，或选择向有水池、软雨篷、草丛的地方跳；如有可能，要尽量抱些棉被、沙发垫等松软物品或打开大雨伞跳下，以减缓冲击力。如果徒手跳楼一定要扒窗台或阳台使身体自然下垂跳下，以尽量降低垂直距离，落地前要双手抱紧头部身体蜷成一团，以减少伤害。跳楼虽可求生，但会对身体造成一定的伤害，所以要慎之又慎。

常备家庭逃生"四件宝"：灭火器、逃生绳、手电筒和防毒面具，并熟练掌握使用方法。一旦发生火灾，将会给我们的逃生自救带来极大的帮助。

五、学会使用常见灭火器材

（一）灭火器

1. 灭火器的种类。

灭火器按移动方式可分为手提式和推车式；按所充装的灭火剂可分为水基型灭火器（包括清水灭火器、泡沫灭火器）、干粉灭火器、二氧化碳灭火器和洁净气体灭火器。

2. 灭火器的适用范围及使用方法。

（1）干粉灭火器。这是目前使用和配置最多的一种灭火器，主要扑救固体物引起的火灾，也可扑救易燃液体、可燃气体、带电设备等引起的初起火灾。使用方法（如图所示）：选择上风口位置，靠近着火点，拔掉保险销，握住橡胶管，压手柄灭火。

第一步：托住上压把取出灭火器。 第二步：拔掉保险销。

第三步：一手握住喷管前段，
一手握住喷管上压把。 第四步：人站在上风处，对准
火苗根部喷射。

（2）二氧化碳灭火器。主要用于扑救电气、液体、贵重设备、图书资料、仪器仪表等引起的初起火灾。使用方法和干粉灭火器相同，使用时要防止冻伤。

（3）清水灭火器。主要用于扑救一般固体物引起的火灾，不宜用于油品、电器设备等引起的火灾。使用方法和干粉灭火器相同。

（二）室内消火栓

室内消火栓系统，包括水枪、水带和室内消火栓。使用时，将水带的一头与室内消火栓连接，另一头连接水枪，然后打开室内消火栓阀门，即可射水灭火。

第三节 用电安全

一、认识电及安全用电标志

（一）电流对人体的伤害

电流对人体的伤害有三种：电击、电伤和电磁场伤害。人身触电是人体因触及带电体或人体与带电体之间产生闪击放电，使人体受到电流的伤害。触电还容易造成摔伤、坠落等二次事故。

（二）影响电流对人体伤害程度的主要因素

电流强度、电流作用时间、电流流经人体的途径、电流的频率、人体电阻及人体的健康状况等是影响电流对人体伤害程度的主要因素。一般认为：电流通过人体的心脏、肺部和中枢神经系统时危险性比较大，特别是当电流通过心脏时，危险性最大。

（三）学会看安全用电标志

安全用电标志由图形符号、安全色、几何形状（边框）或文字构成。为保证安全用电，必须严格按国家安全色标标准使用安全色和图形标志。安全色是指被赋予安全意义而具有特殊属性的颜色，包括红、黄、绿、蓝四种颜色。

红色：用来表示禁止、停止和危险，如信号灯、信号旗以及机器上的紧急停机按钮等都是用红色来表示"禁止"的信息。

黄色：用来表示注意危险，如"当心触电""注意安全"等。

绿色：用来表示允许、安全，如"在此工作""已接地"等。

蓝色：用来表示强制执行，如"必须戴安全帽"等。

根据国家规范规定：380V 三相电源分为 A 相、B 相、C 相、零线、接地线。色标：A相为黄色，B相为绿色，C相为红色，零线为淡蓝色（或蓝色），接地线为黄绿双色。220V单相电源进户线为相线、零线和接地线，对应的导线色标分别为黄色、淡蓝色（或蓝色）和黄绿双色。

电气安全图形标志一般用来告诫人们不要去接近有危险的场所。常见的图形标志有：

禁止启动　　　　禁止合闸　　　　禁止攀登　　　　禁止靠近

注意安全　　　　当心触电　　　　当心电缆　　　　当心火灾

紧急出口　　　　可动火区　　　　避险处　　　　应急避难场所

必须拔出插头　　必须穿防护鞋　　必须接地　　　必须戴防护手套

035

二、养成用电好习惯

不超负荷用电。使用的各种电器总电流不能超过最大额定电流，以免过载烧毁。

防止电器元件过载。电饭锅、电水壶、电取暖器等大功率电热器不接在小功率插座上。意外停电时要拔下所有插头，尤其要注意各类电热器插头。

安装漏电保护器。要在自家电表的出线侧安装一只漏电保护器，使得家电设备漏电或人体触电时，能自动跳闸切断电源，保护人身和电器设备的安全。漏电保护器需每月按一次试跳按钮，检查其灵敏度。

不购买"三无"和未认证的电器产品。选择合适的空气开关，淘汰闸刀开关；不使用信号传输线等不合格线代替电源线；不用医用白胶布等代替绝缘黑胶布。

使用电热淋浴器洗澡时要先断开电源，并且要有可靠的安全防护措施。

使用电器时，应注意电源线不要被重物压住，否则可能会造成电线折断或绝缘外表破损，使电线短路或漏电。插拔电源插头时要在插头处着力，不要拽拉电线。

036

电器功率过高而导致空气开关跳闸或保险丝熔断时，首先应考虑减少电器的使用，降低用电负荷。不能随意更换大号保险丝或以其他金属丝代替保险丝。

冬季沐浴之后，浴室内水蒸气较多，要定期检查浴室内电源开关、插座的安全防护，避免在潮湿环境下发生漏电的情况。应使用带有漏电保护功能的电热淋浴器或加装漏电保护器。要擦干双手再接触各类电源开关。使用电吹风等小电器时，注意不要让电线缠绕住身体。

做到人走电关。维护检查时要断电。在插电源插头时，手应握在绝缘部分，不要接触到插头上的金属片，更不可把手指伸入插孔中。

发现电器异常，应立即断电。发现异常的响声、气味，温度过高、冒烟、火光，要立即断开电源，再进行检查或灭火抢救。

维修电器要采用正确的方法。进行维修时，一定要切断电源，不要用湿手、湿布触摸和操作电器。不用金属丝捆扎电线，不把电线缠在铁钉或其他金属物、易燃物上。

不要在高压电杆、变电所、变压器等附近玩耍，更不能私自拆卸输送电设备的零部件。不私接乱拉电源线，不在通电线路上晾晒衣物。

电路着火后，不能直接用水扑救，应当先立即断电，然后再灭火，宜采用干粉、二氧化碳灭火剂进行灭火。

儿童应知道的用电安全知识如下：

不用湿手、湿布擦带电的灯头。

知道家里的配电箱在什么位置，哪个是总电闸。知道开和关的方向，关键的时候，可以把总电闸关掉。不在电闸附近玩耍，不随意动闸，以免发生短路、漏电等危险。

了解电流通过人体会造成伤亡，凡是金属制品都是导电的，千万不要用这些工具直接与电源接触。如：不用手或导电物（如铁丝、钉子、别针等金属制品）去接触、探试电源插座内部。水也是导电的，电器不要沾水，不用湿手触摸电器，不用湿布擦拭电器。

电器使用完毕后应拔掉电源插头，插、拔电器插头时，应一只手摁住插座，另一只手握住插头而不是电线，往外拔时防止拽脱插座或拔断插头。

发现电源线裸露或是电线老化，应让家中大人及时更换或是用电胶带密封，避免漏电伤人。不随意拆卸家中电器。

发现有人触电时要设法及时切断电源。不要用手直接拉人施救，应呼喊成年人相助，不要自己处理，以防触电。干燥的木头、橡胶、塑料不导电，是绝缘体，这些材料直接接触电源不会引起触电。发现有人触电又无成年人相助时，可用绝缘体将触电者与带电电器脱离。

三、预防触电

大量的触电事故是由人们缺乏安全用电基本常识造成的，有的是对电力特点及危险性的无知；有的是疏忽麻痹，放松警惕；还有的则是似懂非懂，擅自违章用电、违章操作等。因此，学习掌握安全用电知识十分重要。

采取有效的安全防护技术措施很重要。根据人体触电情况的不同，可将触电防护分为直接触电防护和间接触电防护两类。

直接触电防护是指防止人体直接接触电气设施带电部分的防护措施。直接触电防护的方法是将电气设备的带电部分进行绝缘隔离，防止人员触及或提醒人员避开带电部位。例如：某些电器应配备绝缘罩壳、箱盖等防护结构，室内外配电装置带电体周围应设置隔离栅栏、保护网等屏护装置，在可能发生误入、误触、误动的电气设施或场所应装设安全标志、警示牌等。

间接触电防护是指防止人体触及正常工作情况下不带电，但电气设备漏电时带电的电气设备的金属外壳、框架等发生触电危险的防护措施。间接触电防护的基本措施是对电气设备采取保护接地或保护接零，以减少故障部位的对地电压，并通过电路的保护装置迅速切断电源。

安装使用漏电保护器。漏电保护器又称漏电断路器、触电保护器，它是一种低压触电自动保护电器。在电气设备发生漏电或有人触电、尚未造成身体伤害之前，漏电保护器即发出信号，并由低压断路器具迅速切断电源，从而达到防止触电伤害的目的。

四、用好家电

首先,应选用合格产品,电源插头应与插座相适应,电源线线径应与负荷相匹配。若使用中电源线发热,则表明线径负荷不够,必须更换电源线。更换时要有人监护,以免发生意外时无人处理。停用时应切断电源。禁止用重物压在自动断电开关上强行使用。下面列出部分家用电器使用时应注意的事项。

电高压锅

电高压锅工作时压力较高,使用不当会引起爆炸。锅上一般有两种以上的安全防护装置。常见的有重锤式和隔片式两种。一般三个月要更换一次隔片,并经常检查通气孔是否堵塞。使用时,锅内食物不能装太满。锅盖盖好后,当通气孔出气后再扣上重锤阀。食物做好后,先去掉重锤阀,再打开锅盖。去掉重锤阀时,注意不要被蒸汽烫伤。使用不同类型的高压锅时,要用相应的重锤阀或安全阀,不能混用。

039

日常生活中,高压锅要保持干净。导致高压锅爆炸的原因主要有两点:一是超出安全使用期限;二是未定期清理,造成限压阀和浮子阀堵塞,锅内压力太大发生爆炸。电压力锅的使用年限在 6～8 年,如使用年限到期,或锅体变形、生锈等,应马上更换。使用前必须检查限压阀和浮子阀、锅内食物量及扣盖是否符合要求,离火或停电后要等锅体内气压下降并充分冷却后再取下限压阀,待锅中压力达到正常值时再开盖。

微波炉

微波炉必须放置在离地面 85 厘米以上的地方,炉周围须保持空气流通,炉顶端须留 15 厘米的空隙,左、右两壁须留 5 厘米空隙,后壁须留 10 厘米空隙。不可将微波炉放置在高温、潮湿的地方。室内温度过高也不宜使用微波炉。微波炉不要放在电视机、收音机附近,否则会干扰图像、产生噪声。微波炉电源插座应专用，并接地线。

使用前应详细阅读说明书，使用时应注意：使用专门的盛器在微波炉中加热，不得使用金属器具。微波炉内腔要经常清洗，防止油污着火。微波炉运转时，人与微波炉的距离应大于 1 米。切勿损坏炉门安全锁。微波炉运转时，切勿打开，否则会引起微波外泄。不能用微波炉过度加热清水。因为微波加热时，水不会流动，只是温度升高，有可能超过沸点却还不沸腾。从微波炉中端起水时，一点动静就可能引发爆沸，甚至爆炸。鸡蛋、鹌鹑蛋、脆皮肠、板栗、未削皮的土豆等类似"密封盒"之类的食物，在加热过程中因内部膨胀，而外壳却阻挡气体膨胀，会发生爆炸。使用微波炉加热这类食物时，最好划个口子、戳个洞，利于热气散发。当微波炉工作不正常或受损时应停止使用。为避免微波炉起火，不可过分烹煮食物。切勿将纸、塑料、铁、铝、搪瓷等放入炉内。将食物放入微波炉时要撤去金属包装袋。万一炉内物品着火，要保持炉门关紧，按下停止键，然后拔出电源插头或断开屋内电源总开关，切勿拆开炉身。

光波炉

在光波炉内可使用多种耐高温容器，但如果选择了微波烹调火力，最好不要使用金属或带金属的容器。因为金属对微波有反射作用，不仅食物较难熟，而且被反射的微波还会损坏光波炉的部件，影响其使用寿命。忌用光波炉加热密封的罐装、袋装食品，以免造成密封品爆炸破裂，特殊标明的微波食品除外。如果为防止水分蒸发，在装食物的容器上加了保鲜膜，应在膜上刺一些小孔。切忌用光波炉油炸食品。油炸食品一般要求缓缓加热进行，而光波和微波加热速度都很快，容易发生危险。光波炉的灯泡使用年限一般为 3 年。时间长了，炉体老化，最好还是换新的比较安全。

电饭煲

电饭煲使用之前要用干抹布把内胆底座擦干，底部不能带水放入壳内，发热盘切忌沾水；电饭煲连接线端口要做好防水工作，不能让溢出的水流入，以免烧坏；使用电饭煲做好饭后，应先切断电源，再接触锅体；若自动断电开关不灵或损坏，应及时修理或更换。清洗时，切勿使电器部分与水接触，以防进水漏电；电饭煲与电磁炉等多个大功率电器不能同时使用。

电暖袋

电暖袋比热水袋更便捷，因而受到更多人的青睐。但因电暖袋使用不当发生的爆炸、烫伤事件却屡见不鲜。由于加热元件不同，电暖袋可分为电极式、电热管式和柔性发热丝式。

电极式电暖袋最危险，因常发生爆炸事故已被国家明令禁止生产，但仍有不法商家生产、出售。电热管式电暖袋一般不会爆炸，但手感不好，使用寿命较短，约为 1 年。柔性发热丝式电暖袋手感舒适、寿命长，是购买首选。可通过揉捏来鉴别电暖袋。如果袋体通体柔软，就是柔性发热丝式；捏到硬块或硬物，就是电极式或电热管式，如果捏到的是两截硬邦邦的圆柱体，就是电极式电暖袋，千万不能买。一定要买正规厂家生产的产品，不要图便宜买"三无"产品。

041

电暖袋最怕漏水漏电，给电暖袋通电加热时，要确定插座干燥。切忌将电暖袋抱在怀中通电加热，以防触电。

电水壶

电水壶只能用来烧水，千万不要用来煮牛奶，咖啡或茶等，也不能用来蒸煮食物。

不要将水壶的壶身和电源基座放在潮湿的地方或浸入水中；水壶放置到电源基座上的时候必须擦干水壶底部水迹。手湿时，不要操作该产品。

使用时应把水壶放置在平坦的桌面，不要将电热水壶靠近热源放置，也不可靠近或置于任何电器之上。

向水壶加水时不能低于最低水位线，防止干烧，也不能超过最高水位，防止沸腾时溢出。当壶内的水烧开时，不要打开壶盖。将开水倒入保温瓶时应手握安全手柄，不要接触壶体，特别是不锈钢电水壶，以免烫伤。

吸尘器

仔细阅读使用说明书，按说明书中的方法安装好。每次使用前检查集尘袋（箱）是否干净。每次使用时间不宜过长，最好不超过1小时，以免电机过热而烧毁。有集尘指示器的，不能在满点上工作；若发现接近满点，应立即停机进行清灰。在使用过程中，不允许吸入潮湿的泥土、泥浆，燃着的烟灰和金属碎屑。吸尘器工作时应有人看管，以防损坏吸尘器电机或出现其他危险。

042

电熨斗

电熨斗功率较大，应设专用电源线。使用电熨斗时，首先要了解衣服的质地及所需温度，以免损坏衣物。必要时在衣物上垫放干净湿布再烫。在熨烫操作间隙，应将电熨斗竖立放置，或平放在专用镀铬铁架上，必要时调到低温或关闭电源，切忌放在烫衣板或其他物品上。为保证安全，在操作过程中，不要离开。电熨斗温度过高时，拔掉电源插头，自然降温，切忌浸水降温。浸水降温不但易损坏电器，而且易引发触电事故。使用后，切记拔掉插头，经自然降温后再放好。

人离开时，请关掉电熨斗开关，拔掉插头。

空调

空调电源应设专门的导线和插座。勿拉扯电源线拔出插头，以免损伤电源线，导致触电危险。勿将空调用于其他用途，如干燥衣物等；勿在空调附近使用加热器具，过度的热辐射可能导致塑胶部件融化。空调外机安装高度不能低于 2.5 米，否则外壳必须接地接零。

吹风机

使用时人不能离开，更不能随意搁置在沙发、床垫等可燃物上；要确保手部干燥；最好不要在浴室或湿度大的地方使用。使用后要及时将电源线从电源插座上拔下，并放置片刻，等出风口冷却后再存放。

充电宝

充电宝中部分产品如外部遭遇挤压、冲击等，可能发生内部短路，从而引发自燃或爆炸。

在购买充电宝时一定要注意：尽量从正规渠道购买，不要购买无品牌型号、无生产厂家、无电气参数标识和无警示说明的产品；选购时应仔细检查外壳，如产品做工粗糙，也不要购买；选购时最好选用锂聚合物电芯的电池，其安全性较高，且寿命相对较长。发现充电宝温度异常升高时，应迅速将其置于远离人群、有一定防火、防爆功能的容器里。

此外，要注意家用电器也有使用年限，使用"超龄"家用电器会带来安全隐患。下面介绍部分家用电器是否"超龄"的识别办法。

彩电：显像管电视，当出现图像不清晰、画面抖动等情况，就意味着相关元器件出现老化，同时辐射也会增大，一旦遇到碰撞、骤热、骤冷等情况，可能引起显像管爆炸（平板电视进入市场时间较短，暂不涉及"超龄"问题）。

电冰箱：出现制冷剂泄漏，运转声音过大，甚至运转时发生较严重的颤抖，同时耗电量较以前大增等，都是"超龄化"的特征。一台使用了10年的冰箱，耗电量可能是最初使用时的2倍。

洗衣机：经常出现渗水、漏电等毛病，应及时修理或换机。另外，若用老式双缸洗衣机和波轮洗衣机洗羽绒服，高速甩干时，羽绒脱水后不断膨胀，而防水涂层又不利于气体排出，不断将羽绒撑大，可能引起爆炸。

空调：如开机时吹出的风中带有尘土，且掺杂着霉味，有的甚至流出黑黑的脏水，这些都在提醒主人，该空调可能已经到了使用年限。

部分家用电器的使用年限

电器名称	彩色电视机	电热水器	空调	电熨斗
使用年限	8～10年	8年	8～10年	9年
电器名称	电冰箱	电脑	电热毯	电饭煲
使用年限	10年	6年	8年	10年
电器名称	燃气灶	洗衣机	电吹风	微波炉
使用年限	8年	8年	4年	10年
电器名称	电动剃须刀	电子钟	电风扇	吸尘器
使用年限	4年	8年	10年	8年

第四节 安全用气

一、燃气的安全使用

（一）燃气的基本常识

本节中的燃气主要指液化石油气和天然气。液化石油气的主要成分是丙烷和丁烷，天然气的主要成分是甲烷。它们有如下特性：

1. 与空气的比重不同。

液化石油气在常温常压下呈气体状态，其比重约为空气的 1.5～2 倍。因此，液化石油气泄漏后，易沉积在地面，遇明火就会发生燃烧或爆炸。

天然气在常温常压下也呈气体状态，其比重是空气的 0.65 倍，比空气轻，泄漏后迅速飘向空中，比液化石油气相对安全。

2. 挥发比大。

液化石油气从液态转化成气态，体积将扩大 250～300 倍，因此，用户切忌将钢瓶横放或倒放使用。

天然气从液态转化成气态，体积将扩大 600 倍。天然气一般是汽化后用管道输送给用户使用。

3. 体积膨胀系数大。

液化石油气的体积膨胀系数为水的 10～16 倍，钢瓶内是气液共存，当达到"满液"时，温度每升高 1℃，气瓶压力就会增加约 2 兆帕（约每平方厘米 20 千克）。因此，严禁过量充装，否则极易造成钢瓶爆炸等恶性事故。

天然气是汽化后由管道输送给用户使用，不存在上述问题。

4. 危害性大。

液化石油气和天然气本身是无色、无味、无毒的，为了确保

安全，供应给用户使用的液化石油气和天然气中都加有少量的四氢噻吩等臭味剂。使用过程中如果闻到臭味，就可能是燃气泄漏。

燃气泄漏后同空气混合并达到一定浓度时，遇明火就会发生燃烧或爆炸，其体积比就称为爆炸极限。液化石油气的爆炸极限为 $2.0\% \sim 9.5\%$，天然气的爆炸极限为 $5\% \sim 15\%$。

（二）燃气使用常识

1. 燃气器具安全使用提示。

使用燃具前，应检查燃具开关是否处于关闭状态，若处于关闭状态，再打开角阀或表后带嘴阀，听一下有没有气体流动的声音，表有没有走动。若没有气体流动的声音，表不走动，再打开燃具启动开关，启动燃具工作。

046

燃具处于正常工作状态时，火焰是蓝色的，如果出现红火，可通过调整灶具的风门，使火焰恢复正常。燃具烧头、喷嘴有异物，也会造成红火，所以要经常对燃具进行清洁保养。热水器最好每年进行清灰。

每次使用燃气后，应对燃具进行检查，关闭燃具开关和钢瓶角阀；管道燃气关闭表后带嘴阀。要看管好儿童，严禁儿童玩弄燃具。

2. 燃气安全使用要点。

第一，保持使用燃具时空气流通，防止燃烧不完全，产生一氧化碳中毒。

第二，使用灶具时必须有成人看护，防止汤水溢出熄灭火焰，导致燃气泄漏。儿童使用燃气热水器时，应有成人看管。

打开窗户，加强通风。

用燃气做饭时，不可远离灶具，以防沸汤溢出浇灭或风吹灭火焰。

要定期用肥皂水检查煤气管是否有漏气现象。

第三，液化石油气钢瓶必须直立使用。钢瓶放置地点不得靠近热源和明火，并与灶具、取暖器等保持1米以上的距离。瓶阀出口螺纹为左旋，开启瓶阀不宜过大，一般以一圈为宜，用户不得随意拆卸瓶阀。

第四，应购买有资质的燃气公司提供的液化石油气，用户可以请送气人员装好减压阀并检漏调试无误后签字确认。如自己安装，一定要检查减压阀进口密封圈是否完好无损，安装后应用肥皂水检查减压阀与瓶阀连接处是否漏气，确认不漏气后方可使用。减压阀呼吸孔必须保持畅通。

第五，液化石油气钢瓶长期不用，在恢复使用前应仔细检查瓶阀是否漏气，确认不漏气后方可使用。

（三）用户须知和责任

用户必须按时更换燃气器具，灶具、热水器一般使用年限为8年，减压阀使用年限为2年，皮管使用时间为18个月；应做到不购买三无产品，不向无资质单位购气。

严格遵守安全用气规定，保证用气安全，配合燃气公司做好安全检查，及时整改安全隐患。

不乱倒残液或用气瓶相互倒灌，严禁加热、倒卧、曝晒液化石油气钢瓶。若使用管道燃气，严禁擅自将生活用气改为生产经营用气。

发现燃气事故征兆，用户有责任及时向燃气供应单位和有关部门报告。

（四）发生燃气事故处理方法

1. 燃气微量泄漏。

应迅速打开门窗进行通风，迅速关闭角阀或表前球阀，切断气源，疏散室内人员，待无燃气臭味后方可进行检查或请燃气公司上门检修。

同时杜绝一切火源，严禁开启或关闭电器开关，严禁拨打电话，严禁穿、脱化纤服装。

2. 燃气大量泄漏。

家里所有人员应立即离开现场。切断室外总电源，熄灭一切火种。到户外拨打抢修电话或向 119 报警。用活动扳手关闭室外管道燃气的立管球阀，切断气源。

3. 出现火灾事故。

出现爆燃，火势不大时可用湿毛巾关闭瓶阀或表前球阀。并将钢瓶移至室外空旷处，防止爆炸。

当火势较大，且已引燃其他可燃物时，家中全部人员应迅速撤离到安全地带，迅速报警，等待救援。

4. 发现邻居家燃气泄漏，应敲门通知，切勿使用门铃等各类电器设施，并迅速离开现场拨打抢修或报警电话。若使用管道燃气，可关闭室外立管球阀，切断气源。

（五）燃气安全使用知识问答

1. 钢瓶、燃气表使用年限是多少？到期由谁负责更换？

答：钢瓶使用年限为 8 年，经安全评定合格后可再使用 4 年，但最长不超过 12 年；液化石油气的燃气表使用年限为 6 年，天然气的燃气表使用年限为 10 年。钢瓶、燃气表的正常检测、到期报废、更换，均由燃气公司负责。

2. 燃气泄漏的主要原因。

（1）皮管泄漏：皮管老化、被老鼠咬坏，皮管与燃具、带嘴阀或减压阀连接不当，卡扣未装或松动。

（2）燃具泄漏：灶具熄火保护装置失灵、阀门没关到位，阀体与进气管密封垫老化或未装到位等。

（3）减压阀：进口密封圈脱落或老化，膜片破损或未安装到位。

（4）钢瓶泄漏：瓶体泄漏、瓶阀密封垫损坏造成瓶阀漏气。

（5）燃气表、带嘴阀漏气：燃气表密封垫老化、表壳损坏，带嘴阀阀体磨损。

3. 如何查找室内燃气漏气？

答：闻到异味，应意识到可能是燃气漏气。正确的查找方法是将肥皂水涂抹在疑似漏气的地方，如出现起泡，就可以判定此处是泄漏点。发现泄漏后，应请专业人员再进行检查并维修。查找泄漏点时切忌使用明火。

4. 使用燃气器具打不着火怎么办？

答：打不着火大都是电池没电造成的，需要更换燃气灶具内的电池。

新钢瓶、管道改装后第一次使用时有可能打不着火，主要原因是供到燃气器具的燃气不纯，此时不要私自修理，严禁私自放气，须立即与专业维修单位或燃气公司联系，请专业人员来处理。

如果打火两次以上没点着火，要停止打火两分钟以上，等泄漏的气体散去再尝试点火。切记不要开、关电器设备。

5. 出现事故如何报警？

答：110、119、120 已联网，拨打其中任何一个电话都可以。

二、沼气的安全使用

随着科技的发展，沼气作为一种新型的清洁能源，被一些居民使用。但沼气是一种易燃易爆气体，燃点比一氧化碳和氢气都低，一个火星就能点燃，而且燃烧温度很高，最高可达 1200℃，并放出大量的热量。在密闭状态下，空气中沼气含量达到 8.8％时，只要遇到火种，就会引起爆炸。因此，除了注意安全使用沼气以外，在沼气池的运行和使用中，必须了解并掌握安全管理、安全发酵、安全检修的常识，否则容易引发事故，造成不必要的损失。

（一）沼气安全使用注意事项

1. 沼气用具要远离易燃物品。沼气灯和沼气炉不要放在柴草、衣物、蚊帐、木制家具等易燃物品的附近，沼气灯的安装位置要距离房顶远些，以防将顶棚烤着，引起火灾。

2. 必须采用"火等气"的点火方式。点沼气灯和沼气炉时，应先擦火柴，后打开开关，并且点燃后要立即将火柴熄灭。禁止先开开关，以防沼气溢出过多，引起火灾或中毒。关闭时，要将开关拧紧，防止跑气。

3. 输气管路上必须安装带安全瓶的压力表。产气正常的沼气池，应经常用气，夏秋季产气快，每天晚上要将沼气烧完。如果因事需要离家几日，要在压力表的安全瓶上端接一段输气管通往室外，使多余的沼气可以排放掉。有些沼气压力表上安装了脱硫器，在使用了一段时间后，脱硫器内的脱硫剂会变黑失去活性，脱硫效果降低，可能发生板结，增加沼气输送阻力，甚至使沼气不能通过。解决办法是将失去活性的脱硫剂取出，平摊在通风好的地方，经常翻动，使其氧化变黄后再装回脱硫器内使用。需要注意的是，脱硫剂再生使用一次后，应及时更换新的脱硫剂。

4. 防止输气管和附件漏气着火。经常检查输气管道、开关等是否漏气，如果管道、开关漏气，要立即更换或修理，以免引起火灾。不用气时，要关好开关。厨房要保持良好通风，清洁空气。如果闻到臭鸡蛋味，要迅速打开门窗、切断气源，并且最好离开房间，这时千万不能使用明火。等室内无臭鸡蛋味时，再检修漏气部位。

5. 严禁在输气管上试火。禁止在沼气池输气管口和出料口点火，以防回火，引起池子爆炸。检查池子是否产气时，应在距离沼气池 5 米以上的沼气炉具上点火试验。

6. 选用优质沼气用具。使用沼气灶和沼气灯时，要注意调节上面的空气进气孔，避免形成不完全燃烧。否则，不但浪费沼气，还会产生一氧化碳，对人体造成伤害。

7. 要经常排除输气管路中的积水，以防积水过多导致管路输气不畅，尤其是在寒冷的冬季，积水结成冰，会堵塞甚至损坏输气管路。

(二) 沼气池安全管理

沼气池是一个密闭容器，空气不流通，缺乏氧气，所产沼气的主要成分是甲烷、二氧化碳、硫化氢、一氧化碳等对人体有毒害的气体。因此，要做好沼气池的安全管理工作，尤其在下池出料、检修前一定要落实安全防护措施。

1. 沼气池进出料口要加盖，防止人、畜掉进池内引起伤亡。应设置防雨水设施，要求高出地面 10 厘米以上，并避开过水道，以防雨水大量流入池内，压力突然加大，损坏沼气池。沼气池顶部应避免重物撞击或车辆压行，以防崩塌。在寒冷季节，沼气池露出地面的部分要做好防寒防冻措施，以免因冻裂而影响沼气的正常使用。

2. 大换料或入池维修时要注意防止中毒。揭开活动盖后，要先除掉池内的一部分料液，使进料口、出料口、活动盖口三口通风，并设法向池内鼓风，促进空气流通；人员下池前必须做动物试验，如将兔子或鸡等小动物放入池内，观察 15～20 分钟，如果动物活动正常，人才可以下池，否则要加强鼓风，直至试验动物活动正常。人下池时须系好安全带，必须有沼气技工在场指导，池顶留人监护，严禁单人下池操作。有条件的地方，提倡使用机具出料，人不下池，这样做既方便又安全。一旦下池人员有头晕、胸闷等不舒服的感觉，监护人员要立即将下池人员救出池外。

池内严禁明火照明。揭开活动盖后，不要在沼气池周围点火吸烟。在下池检修或清除沉渣时，不得携带明火和点燃的香烟，以免引起火灾或爆炸。如果确实需要照明，要用手电筒或电灯。

052

3. 进出料要均衡，不能过量。当加料量较大时，要打开管路及用器具开关，慢慢地加入。一次出料较多，压力表水柱下降到 "0" 时，也要打开开关，以免负压过大而损坏沼气池。正在使用沼气燃烧时，不要人为出料，尤其不能快速出料，以免出现负压回火引起沼气池爆炸。

4. 在发酵过程中，沼气池的原料在不断消耗，等产气高峰过后，就要不断补充新鲜的原料。沼气池安全发酵应注意以下两点。

一是禁止向池内投入刚喷洒了农药的作物茎叶，刚消过毒的畜禽粪便，葱、蒜、韭菜等辛辣植物，桃树叶、苦皮藤等有毒植物，以及农药、盐类、重金属化合物等，以防沼气池里的沼气细菌受到破坏。如果发生有害物质入池的情况，应将池内发酵料液全部清除，并用清水将沼气池冲洗干净，然后重新加料。

二是禁止把油麸、骨粉、棉籽饼和磷矿粉等含磷物质加入沼气池，以防产生对人体有严重危害的剧毒气体磷化三氢。

5. 要经常观察压力表水柱的变化，一般压力超过 8 千帕时，就表明池内压力过大，要及时用气、放气或从水压间舀出部分料液，以防胀坏气箱，冲开池盖。

第五节 食品安全

一、把好选购食品的质量关

购买果蔬、肉、水产品等鲜活产品应尽量选择综合性商场、生鲜超市、大型农贸市场等正规场所，购买时应注意选择市场上公示抽检合格的摊位和品种，主动索要并保存好购货票据。

购买预包装食品（指经预先定量包装，或装入容器中，向消费者直接提供的食品）应到合法的、信誉好的食品商场、超市选购，应查验标签内容是否齐全，包括食品名称、配料表、净含量和规格、生产者和经销者的名称、地址和联系方式、生产日期和保质期、贮存条件、食品生产许可证编号、产品标准代号及其他需要标示的内容。不要从无证摊贩处购买，也不要购买来源可疑的食物，如售价过低的食物，或感官性状异常的食物。购买散装食品也要看是否有产地、生产日期、保质期等。

购买食品时，要动用五官，用眼睛看，用鼻子嗅，用双手摸，摇一摇、听一听，甚至可以尝一尝。先看看食品包装有没有破损，是不是平滑整洁，有没有胀气、漏液。再看看货物颜色是不是过于鲜亮，有没有变色。再用鼻子闻闻，是不是有霉味、臭味、酸味，闻着舒服不舒服。如果可能，还要用手摸摸，有没有特别的黏液，是不是染上了颜色。还可以尝一尝，确认是否有变味。不要购买出现变色、变味、有沉淀、浑浊、有杂质、发霉、生虫、结块、有异物、酸败、发黏、腐败变质等情况的食品。

最后，选购食品还要注意不要盲目听信广告的宣传，要看食品的营养成分和配料表，看看是否适合食用。

二、外出就餐注意事项

外出就餐应选择持有有效《餐饮服务许可证》或《食品经营许可证》的餐饮单位，不要光顾无证照的大排档或食品摊。

在就餐过程中，应注意观察食品是否新鲜，餐具是否经过消毒。经过消毒的餐具表面必须光洁、干燥，无异味。集中消毒餐具要注意查看保质期等信息。

食品要多样，饥饱要适当，粗细应搭配，喝酒要限量，尽量不要空腹饮酒。不要吃违禁食品（如保护动物），少吃或不生食水产品。

注意索要和保存消费凭证，一旦发生问题，应及时与食品药品监督、消费者维权等相关部门联系。

三、网络订餐注意事项

选择正规的供餐单位。消费者在订餐前要认真查看供餐单位的餐饮服务许可情况，如是否具有食品经营许可证，了解供餐单位的相关信息、经营范围、地址和联系方式等。应选择证照齐全、信誉好的入网餐饮服务单位订餐，切勿选择无证无照、证照信息不全或证照信息与实际不符的供餐单位。

避免订购高风险食品。订餐时尽量避免选择凉菜、生食、冷加工糕点等高风险食品。

应尽量选择距离较近并可短时送达的餐饮单位，保证从订餐到食用在 2 个小时以内，切勿长时间存放。

收到订餐食品后，应及时查验饭菜质量，是否受到污染，是否有变质、包装是否清洁等，不食用异常食品。

应保留相关消费凭证，发现问题及时举报。

四、预防食物中毒

食物中毒是指摄入含有生物性、化学性有毒有害物质的食品或把有毒有害物质当作食品摄入后所出现的非传染性（不同于传染病）的急性、亚急性疾病。

（一）食物中毒的特点

发病潜伏期短，来势急剧，呈暴发性，短时间内可能有多人发病。

发病与食物有关，病人有食用同一污染食物史。

中毒病人临床表现基本相似，以恶心、呕吐、腹痛、腹泻等胃肠道症状为主。

人与人之间无直接传染。

（二）预防食物中毒的建议

防止食品被有毒物质污染，选用新鲜食物，选购检验检疫合格的肉类食品。不吃腐烂变质的食物，食物腐烂变质后，味道会变酸、变苦，还会散发出异味，这是由细菌大量繁殖引起的，吃了这些食物会造成食物中毒。

食品加工前，食品原材料要彻底清洗、处理。食具、容器要清洗、消毒，生、熟食品要分开，避免交叉污染。

食品加工时要充分加热，烧熟煮透。不食用在室温条件下放置超过 2 小时的熟食和剩余食品。

熟肉类食品应快速降温后，低温贮存（放置在冰箱或冰库中），存放时间应尽量短。

不吃发芽土豆、鲜黄花菜或没有煮熟的四季豆，切勿采食自己不认识或未吃过的菌菇、野菜、野果等。

生吃瓜果要洗净。瓜果蔬菜在生长过程中不仅会沾染病菌、病毒、寄生虫卵，还有残留的农药、杀虫剂等，如果不清洗干净就食用，不仅可能染上疾病，还可能造成农药中毒。

不饮用不洁净的水或者未煮沸的自来水。喝开水最安全，因为肉眼很难分清水是否干净，看上去清澈透明的水也可能含有病菌、病毒。

在进食的过程中如出现感官性状异常，应立即停止进食。

第六节 行万里路

一、日常交通安全

（一）安全乘电梯

1. 垂直电梯安全使用注意事项。

严禁超载运行，当超载时，电梯门不会关闭且轿厢内蜂鸣器会发出警报，后来者应主动退出。等电梯时应在轿厢门口两侧，待电梯内人员出来后再进入轿厢。

严禁倚靠在电梯的轿门或层门上，严禁撞击、踢打、撬动电梯的轿门和层门。

不乘坐未粘贴《安全检验合格证》标志或标志已过有效期的电梯，不在电梯内嬉笑玩耍，蹦跳打闹，禁止拍打或用硬物触打电梯按钮。

不用过长的细绳牵领宠物搭乘电梯，不携带易燃、易爆品乘坐电梯。

发现电梯运行异常时，应立即停止使用并通知电梯管理人员。

当电梯出现故障被困时，应保持镇静，轿厢内部不是完全封闭的，轿厢内的人员不会有窒息的危险。应使用轿厢内报警装置或电话通知本电梯安全管理员和维保人员救援，切勿强行扒开电梯门，防止坠落或受伤。发生火灾时不能使用电梯，应从楼梯或消防通道迅速撤离。

应文明礼让，请儿童、孕妇、老人、行动不便者和身体不适者优先乘坐电梯。

2. 自动扶梯安全使用注意事项。

乘梯前，应系紧鞋带，防止松散、拖曳的长裙、包带等物被梯级边缘、梳齿板等挂住或拖曳。穿洞洞鞋或软质底鞋千万不要乘坐自动扶梯，当洞洞鞋靠近防夹装置时非常容易被夹住，从而导致脚被卷入，造成事故。

进入自动扶梯时不能犹豫，应直接跨过去，结束乘梯时确保快速稳步离开。

在入口处，要有秩序地乘梯，一定要人员分散，不推挤，应面向自动扶梯的运行方向，脚应站在踏板四周的黄线以内，靠左行走，靠右站立。不能将头部、四肢伸出扶手装置以外，以免受到障碍物、天花板、相邻的自动扶梯的撞击。

不能将拐杖、雨伞尖端或者高跟鞋尖等尖利硬物插入梯级边缘的缝隙中或者梯级踏板的凹槽中，以防损坏梯级并造成人身意外事故。

乘梯时应握住扶手，以免跌倒而受伤。

如果看见扶梯上人数过多，应尽量走楼梯。

3. 紧急情况处置。

（1）电梯关门时被夹怎么办？

电梯在关门过程中，如果轿门碰到人或物，门会自动重新开启，不会伤人。因为门上设有防夹人的设备，一旦门碰触到人或物，此设备会自动运行使电梯门重新打开。

（2）到达目的楼层后电梯厅门不开或电梯突然不动了怎么办？

首先应保持冷静，不要恐慌。可持续按开门按钮，使用报警按钮、电梯对讲系统或电话与管理部门联系，等待专业人员救援。

万一电话打不通，要设法保持体力，通过呼救或敲打的方法向外传递信息。切记不要强行扒门或从轿厢顶爬出，以防坠落。

（3）电梯失去控制，突然下坠怎么办？

不论有几层楼，应赶快从最底层开始把每一层楼的按键都按下，然后将整个背部和头部紧贴电梯内墙，呈一直线，膝盖呈弯曲姿势。带儿童者，要把儿童抱在怀里。

（4）自动扶梯出现紧急情况怎么办？

每台扶梯的上部、下部都各有一个紧急按钮，一旦发生紧急情况，靠近按钮的乘客应在第一时间按下按钮，扶梯就会自动停下，这能有效避免事态的进一步恶化。

乘坐垂直电梯遇到险情时的安全姿势是：乘客两手十指交叉相扣、护住后脑和颈部，两肘向前，护住双侧太阳穴。如不慎倒地，双膝应尽量前屈，护住胸腔和腹腔的重要脏器，侧躺在地。乘坐自动扶梯时发现前面有人突然摔倒了，要马上停下脚步，同时大声呼救，告知后面的人不要向前靠近。

（二）安全过马路

应遵守交通法规，行人要走人行道，没有人行道时要靠马路右侧行走。若带儿童、老人外出，走路时要照顾好他们。

横穿马路时，要走过街天桥、地下通道或人行横道线（即斑马线），不要钻跨或攀越人行道以及行车道的隔离护栏。走人行横道时，要按照信号灯的指示通行，绿灯亮时才可通过，不要抢行。

没有过街天桥、地下通道或人行横道线时，横过马路要做到"一停二看三通过"，即要先停下脚步，看看左侧有没有车开过来，没有才可通过，行到道路中心线时再看看右侧。行人应主动避让车辆，严禁低头跑步通过。

（三）安全骑自行车

骑行者应经常检查自行车转向、刹车系统状况是否良好。

骑自行车准许携带一名 12 周岁以下的儿童，但应配置专门可靠的座位。骑自行车时不准互相追逐嬉戏打闹，不准互相搭肩骑行，不准攀扶其他车辆骑行。12 周岁以下儿童不准在街道及道路骑自行车（含儿童自行车等）或学骑自行车。

应在非机动车道或二轮、三轮车道骑自行车。在机动车道与非机动车道不分的道路，应在最外侧车道的右侧骑行。横穿机动车道时，应下车推行。

（四）安全骑电动自行车

电动自行车指最高行驶速度不大于 25 千米/时，整车重量不超过 55 千克，电机的输出功率不大于 240 瓦的电驱动自行车。超过上述三项主要指标中的任何一项即为超标电动自行车，不属于普通电动自行车范围。16 周岁以下少年、儿童不准驾驶电动自行车。

要保证电动自行车的安全系统（包括转向、制动和灯光系统）状况良好。

应在非机动车道或二轮、三轮车道骑电动自行车。在机动车道与非机动车道不分的道路，应在最外侧车道的右侧骑行。骑电动自行车应遵守交通信号灯的规定，骑行时不准与机动车抢道，不得影响行人及其他车辆的正常通行。

（五）安全乘坐公共汽车

乘客应在指定位置候车，待公共汽车停稳后再上下车。

上车前，将背包的拉链拉好，最好背到前面，并尽可能与身体接触，如果是大包，则不要将包放在自己看不到的地方。

上车后，要坐好扶稳，不要把头和手伸出窗外；如有儿童随行，还要叮嘱儿童不要随意往外探头或伸手；不要在车厢内饮食及高声谈论、说笑；不要随意吐痰、扔垃圾，或向窗外丢杂物。

如需问路，应礼貌地向司机、售票员询问，或者拜托他们到站时提醒下车。遇到陌生人主动搭讪，要小心防范，对故意碰撞自己的乘客要小心留意。

（六）安全乘坐地铁

在等候地铁列车时，要站在黄色安全线外，列车进站时不要探头张望，应自觉遵守秩序。出入站时不要拥挤，上下车时先下后上，不要在地铁站追逐打闹。当车门的蜂鸣器响起、车门即将关闭时，不要用身体或其他物品挡住车门，强行登车。

如果物品落入轨道，不要跳下站台自行捡取，应向车站工作人员寻求帮助，使用专用绝缘钩捡拾。如果不小心坠落站台，切勿擅自攀爬，如有列车驶来，应在工作人员指导下远离带电的接触轨，千万不可就地趴在两条铁轨之间的凹槽里，因为车厢底部和铁轨之间没有足够的空间让人容身。

在站内候车遇火灾、停电、毒气袭击等情况需要紧急疏散时，应服从工作人员、车站广播的指挥或按照疏散标志的指引逃生。疏散标志一般在车站内圆形石柱和通道墙面上，距离地面50厘米左右，一旦断电，仍可以发光。疏散时要注意安全，躲避拥挤人员，不要逆着人流方向前进，谨防摔倒发生踩踏事故。

上车后要坐好，站立时应紧握吊环或立柱；手或身体勿扶靠屏蔽门。如果遇列车突发意外停在隧道内，要保持沉着、冷静，千万不要擅自扒开车门，不要砸破玻璃跳离车厢，以防摔伤或触电伤亡。要按照工作人员和列车广播的指挥，通过疏散梯有序下车，按工作人员指引的方向沿轨道线路外侧行走，有序撤离。若已逃离地下建筑，不得返回。

（七）与铁路有关的安全事项

在站台等车时，要站在白色或黄色安全线内，在没有安全线的小站台等车时，一定要与站台外沿保持 2 米以上的距离。

不能在铁路口或铁路上行走、逗留、打闹以及捡拾废旧物品，更不能钻车或扒车。

不要随意横穿铁路，通过铁路道路口时，必须听从道口看守人员的指挥，栏杆放下表示火车即将通过，千万不能钻栏杆过道口。

如果有火车来了，必须站到距铁轨 5 米以外处；在电气化铁路线上，还要注意不能攀爬接触电网支柱和铁塔，也不要在铁塔边休息或玩耍，防止触电。

二、人员密集场所防踩踏

（一）保持镇定，理智应对

如果在人员密集场所遭遇意外，一定要保持镇定，不要盲目逃生，否则越挤越乱，场面会变得难以控制。只有保持冷静的情绪，理智应对，才能有序撤离危险现场。

认清安全出口和安全通道，有序疏散。

万一遭遇突发事件，首先要快速找到安全出口和疏散通道的标志，沿标志所示方向逃生。疏散时，应听从工作人员指挥，沿墙壁行走。

（二）混乱时刻，学会自保

事故发生后，人们通常会一起涌向出口或有光亮的地方，容易造成出口堵塞，发生踩踏事故。在拥挤的人群中，要时刻保持警惕，当发现有人情绪不对，或人群开始骚动时，首先要保护好自己，在条件允许的情况下应主动救助他人。当出现危险时，应迅速从安全出口撤离。

如现场慌乱不能平息，自己找不到逃生的通道和出口，已经

不由自主地被卷入杂乱的人流时，要切记和大多数人的前进方向保持一致，不要试图超过别人，更不能逆行。要注意脚下，千万不能被绊倒，避免自己成为拥挤踩踏事件的诱发因素。应用双手抱头，两肘朝外，尽快松开衣扣，确保呼吸畅通、心脏不受挤压，用肩和背部承受外部的压力，注意避免使自己的身体靠在墙上或被挤到墙壁、栅栏旁边，远离店铺的玻璃窗，以免因玻璃破碎而被扎伤。当带着儿童遭遇拥挤的人群时，最好把儿童抱起来，避免其在混乱中被踩伤。

如果自己被推倒在地，失去平衡的话，要设法靠近墙壁，身体蜷成球状，面向墙壁，双手紧扣置于颈后，这样虽然手指、背部和双腿可能受伤，但却保护了身体最脆弱的部位。如果被挤倒，人群从身上踩过，应双手抱着后脑勺，两肘支地，胸部稍离地面，以免窒息死亡。

当发现自己前面有人突然摔倒了，要马上停下脚步，同时大声呼救，告知后面的人不要向前靠近。

多人一起行动时，可采取肩并肩、手挽手的方式，脚要站稳，用肩和背承受外来的压力，避免被挤倒。

三、远离溺水的伤痛

在天然水域游泳，下水前要了解水情，做好准备运动，绝对不能贸然下水，防止意外发生。经过长时间游泳自觉体力不支时，可改为仰泳，用手足轻轻划水即可使口鼻轻松浮于水面之上。

（一）不会游泳者意外溺水的自救方法

不会游泳者若意外溺水，不要心慌意乱，应保持镇静，节省体力，千万不要手脚乱蹬拼命挣扎，以免被水草缠绕。只要不胡乱挣扎，人体在水中就不会失去平衡。正确的自救方法是落水后立即屏住呼吸，然后放松肢体，尽可能地保持仰位，使头部后仰。这样，口鼻将最先浮出水面，可以进行呼吸和呼救。呼吸时尽量用嘴吸气、用鼻呼气，以防呛水。

切记：千万不能将手上举或拼命挣扎，因为这样反而容易下沉。

（二）会游泳者溺水时的自救方法

会游泳者一般是因小腿腓肠肌痉挛而致溺水，此时，应平心静气，及时呼救；或将身体抱成一团，浮上水面；也可以深吸一口气，把脸浸入水中，将痉挛（抽筋）下肢的拇指用力向前上方拉，使拇指跷起来，持续用力，直到剧痛消失，抽筋自然也就停止。

如果手腕肌肉抽筋，自己可将手指上下屈伸，并采取仰面位，用两足踢水。

一次发作之后，同一部位可能再次抽筋，所以要对疼痛处充分按摩并慢慢游向岸边，上岸后最好再按摩并热敷患处。

（三）互救

救护者应镇静，尽可能脱去衣裤，尤其要脱去鞋靴，迅速游到溺水者附近。

对筋疲力尽的溺水者，救护者可从其头部接近；对神志清醒的溺水者，救护者应从背后接近，用一只手从背后抱住溺水者的头颈，另一只手抓住溺水者的手臂游向岸边。

若救护者游泳技术不熟练，则最好投下绳索、竹竿等，让溺水者握住再拖带上岸。

救援时要注意，防止被溺水者紧抱缠身而双双发生危险。如被抱住，不要相互拖拉，应放手让溺水者自沉，使其手松开，再进行救护。

（四）医疗或第一目击者现场急救

第一目击者在发现溺水者后应立即拨打 120 或附近医院急诊电话请求医疗急救。第一目击者或到达现场的急救医务人员先将溺水者救上岸，接着立即清除溺水者口鼻处的淤泥、杂草、呕吐物等，打通气道，给予吸氧。

然后可进行控水处理（倒水），即迅速将溺水者放在救护者屈膝的大腿上，让其头部向下，随即按压其背部，迫使其将吸入呼吸道和胃内的水流出，时间不宜过长（不超过 1 分钟）。

如有需要，应进行心肺复苏，并尽快将溺水者搬上急救车，迅速转送至附近医院。

四、旅游安全

（一）随旅行社出游

1. 选择正规的旅行社。

跟随旅行社外出旅游时，要注意旅行社的"三证"，即业务经营许可证、营业执照和税务登记证是否齐全，特别要注意旅行社的经营范围。

要与旅行社签好合同，并索取和保留相关发票。游客要仔细阅读合同条款，对容易引起争议、发生扯皮的地方，与旅行社详细确认。

2. 不要过分看重价格。

如果选择价格过低的旅游产品，旅行社可能会在旅游过程中以降低住宿标准、减少参观景点、增加自费景点等方式来弥补损失。在签合同时，要问清楚价格中包含哪些费用，哪些费用要自己另外承担。

3. 旅游最好结伴出行。

旅游时最好几个人一起去，一旦遇到意外，好有个照应。要注意保持通信工具畅通，外出前留意当地旅游部门的投诉、举报电话，以便出现问题及时解决。

4. 事先买份旅游意外保险。

选好旅游目的地，跟随旅行社外出旅游，最好买一份旅游意外保险。现在许多保险公司都推出了这个险种，10 天左右的旅游，保险费用一般在 10 元以内，保险额一般在几万元。因为现在旅行社被强制投保的旅行社责任保险，只承担由于旅行社原因造成的游客生命财产损失。

5. 提前了解目的地天气状况。

要提前了解旅游目的地的天气状况。特别是在夏季，一些地方容易出现暴雨、泥石流或台风等恶劣天气，不仅会造成交通延误，还可能导致无法按计划出行的情况，严重的还会造成生命和财产损失。外出旅游前，一定要对目的地近期的天气有所了解，做到未雨绸缪。

（二）出境游

1. 做好出境准备：出境前，了解旅行目的地的安全形势，关注中国领事服务网定期发布的海外安全提醒；了解旅行目的地的气候状况；提前办妥旅游保险；牢记外交部全球领事保护与服务应急呼叫中心号码：+86-10-12308 或+86-10-59913991。

2. 受阻要冷静沟通：要心平气和地与边检人员沟通；如受到不公正待遇，请收集并保存证据，寻求法律途径解决；维权过程要合理、合法，避免过度维权，违反当地法律。

3. 遇到事故不要慌：注意保护好事故现场，拍照取证，记录对方相关信息，留意有无目击者；第一时间联系当地的领事保护人员。

4. 护照、财产丢失先报警：遭遇钱财和证件遗失，应先向当地警方报案，迅速挂失银行卡，同时就近向中国使领馆申请补发护照或旅行证。注意避免携带大量现金，护照最好留有复印件，并与原件分开保存。

5. 遇突发事件立刻联系使领馆：遭遇恐袭、灾害、动乱等突发事件时，立即就近与该国使领馆取得联系，以获得相应支持。同时不能消极等待，如尚有安全途径离开，应立即行动。

（三）自驾游

1. 出行前的准备。

车辆检查。出发前务必检查驾驶证、行驶证是否带齐，做好车况检查。如需长途旅行，应到车辆维修站进行全面检查。如果有儿童出行，一定要为儿童配备儿童安全座椅，万一发生交通事故，能大大降低事故对儿童造成的伤害。

备好随行物品。准备自救工具：千斤顶、拖车带、换胎扳手、警示牌、长绳、备用轮胎、反光背心；应急工具：应急灯、指南针、机油、玻璃水、

冷却液；医药用品：感冒药、消炎药、黄连素、止血绷带、创可贴、维生素药片、眼药水；生活用品：衣服、食品、水；野营用品：防潮垫、折叠桌椅、睡袋、遮阳伞、野外帐篷等。

注意了解出行信息。一是提前了解前往目的地途中的天气，尤其是否有暴雨、暴雪、台风等情况，避免遇上因恶劣天气而造成的塌方、山体滑坡、泥石流等自然灾害；二是要了解沿途的路况、道路代号、里程、饮食、住宿、加油站等信息，做好旅行计划；三是在车辆上安置 GPS 卫星导航系统，及时收听当地交通台的广播，了解行车路况，也便于在遇到意外时，救援人员进行定位搜索。

驾驶机动车不系安全带不能上路行驶。

安全带果然是生命带！

砰！

我要一步一步往前爬。

2. 旅行中的注意事项。

遵守交通规则，注意系好安全带。严防疲劳驾驶，出现疲劳感或注意力难以集中时应就近找安全地点停车休息，连续驾驶不能超过 4 小时，尽量避免夜间行车。路面雨水聚积过多时，不要加大油门冲水，应低挡稳速行驶，路面积水深度超过车辆涉水深度及水流流速过大时不可通过，以免影响制动以及造成电气件进水。经过结冰及湿滑路面时，应减慢车速，与前车保持一定的安全距离，尽量避免紧急制动，以免造成车辆侧滑事故。经过易发生滑坡的地区时，应严密观察，注意路上随时可能出现的各种

069

危险，如掉落的石头、树枝等。

遇到龙卷风时，应立即离开汽车，到低洼地躲避；不要开车躲避，也不要在汽车中躲避，因为汽车几乎无法抵挡龙卷风带来的破坏。

遭遇沙尘暴时，由于能见度较差，应减速慢行，开启危险报警闪光灯，密切注意路况，谨慎驾驶，防止交通事故的发生。

遭遇大雾天气时，应开启雾灯和危险报警闪光灯，注意交通安全，要特别注意慢行。

遭遇大雪天气时，开启危险报警闪光灯，可以适当给车辆轮胎放些气，低挡慢速行驶，避免急刹，以防打滑等现象发生。

遇到上述恶劣天气，尽可能选择暂停行车，将车辆停放在安全地带，以确保安全。

3. 打火机等在高温下易爆炸的物品不要放车内。

很多吸烟者会随身携带打火机，炎热的夏天，如把打火机遗落在车内，阳光照射下，车内温度会达到 60℃ 以上，打火机内的液态丁烷受热膨胀，外壳不能承受内压便可能会爆炸，甚至引燃整个车辆。

消防部门曾做过实验：烈日下，放在车内的打火机 12 分钟后就会爆炸。爆炸瞬间，打火机喷出气体，塑料外壳被炸成碎片，四处散落，十分危险。因此，打火机不要放在车内。香水、电池、花露水、充电宝、碳酸饮料等在高温下易爆炸的物品也不要放在车内。

4. 车辆落水的逃生。

车辆落水后，最重要的是车内人员设法尽快离开车辆，然后浮上水面。做不到这两点的话，生还的可能性几乎为零。具体逃生办法参考如下：

保持清醒的头脑，确定逃生方案。汽车落水后，在车内的人员千万不要惊慌，所有车内人员应立即解开安全带，迅速辨明自

终于出来了。

己所处的位置，确定逃生方案。

马上打开电子中控锁，以防失灵。有些汽车可以用手动方式打开电子锁，应立即用手把插销拔出。

尝试打开车门，如果车门不能打开，可将手摇的机械式车窗摇下后从车窗逃生。如果入水后车窗与车门都无法打开，这时要保持头脑清醒，将面部尽量贴近车顶上部，以保证足够的空气，等待水从车的缝隙中慢慢涌入。当车内的水面接近你的头部时，车内外水压接近，这个时候深吸一口气推车门，打开门的机会很大。

尽量从车后座逃生。汽车入水过程中，由于车头较重，会先往下沉，所以应尽量从车后座逃生（若所乘为客车，可直接从最近或者最上方的窗口逃生）。

砸窗离开车辆。如果车门和车窗确实无法打开的话，也可以采用砸窗的办法，应选用尖嘴槌、高跟鞋或类似尖锐物品猛砸车辆侧窗。注意两点：一是挡风玻璃无法砸穿；二是侧窗破碎时碎玻璃会被水冲入车内，要避免被划伤。离开车的时候，尽量保持面部朝上，这样通常比较顺利。如果汽车有天窗的话，也可以选择砸碎或推开天窗逃生，特别是在车辆未沉没的时候，从天窗逃生是最好的路径。

应尽快浮上水面。如果不会游泳的话，离开车前应在车内找一些能浮起的物件抓住。如果有条件，可找大塑料袋套在头上（要保证不漏气，没把握的话就不要套了），并在脖子处扎紧，确保塑料袋内有上浮时需要的氧气。

071

第七节 天有不测风云

面对突如其来的自然灾害，我们应该采取什么行动，保持什么心态，最大限度地避免突发事件所带来的伤害？首先我们不能慌乱，要竭力保持冷静，认真研判自己的处境，根据现场情况果断做出决定。为提高个人的逃生自救知识和能力，远离自然灾害的危险，在日常的工作生活中，每个人都应尽量做到以下十个要点：

学：学习有关各种自然灾害知识和减灾救灾知识。

听：平常注意收听国家或地方政府和主管灾害部门发布的灾害信息，但不听信谣言、谣传。

072

备：根据灾害事态的发展，做好个人、家庭的各种行动准备和物质、技术准备，保护灾害监测、防护设施。

察：注意观察研究周围的自然变异现象，有条件的话，也可以进行某些测试、研究。

报：一旦发现某种异常的自然现象，不必惊恐，但要尽快向有关部门报告，请专业部门判断。

抗：灾害一旦发生，首先应该发扬大无畏精神，号召群众，组织大家抗灾、自救。

避：灾前做好个人和家庭的躲避行动安排，选好避灾的安全地方。一旦灾害发生，立即组织大家进行避灾。

断：在救灾行动中，首先要切断可能导致次生灾害的电、火、气等灾源。

救：学习一定的医救知识，准备一些必备药品，以便在灾害期间，医疗系统不能正常工作的情况下，及时自救和救治他人。

保：为减少个人和家庭的经济损失，除了个人保护以外，还要充分利用社会的防灾保险。相信随着国家减灾救灾机制体制的健全，减灾能力的提高，以及全民的努力，灾害损失一定会大幅度减少。

下面介绍几类自然灾害以及如何进行相应的防灾、减灾、救灾。

一、高温天，防中暑

高温天气要特别注意预防中暑，中暑的症状是体温升高，面色苍白，脉搏微弱且快，血压降低，严重时昏迷。预防高温中暑的措施如下：

天气炎热时不要在强烈的阳光下曝晒，在户外要戴草帽或撑遮阳伞。进行户外活动时带上人丹、十滴水、清凉油等防暑用品。运动量不宜过大。少量、多次饮水，或饮一点淡盐水。睡眠充足，保持体力。增强营养，平时可多喝番茄汤、绿豆汤、豆浆、酸梅汤等。注意室内通风，穿衣不宜多，不要捂得太严。提倡每年暑期来临前进行健康体检。

二、雷电无情，防范有术

（一）室内防雷知识

雷雨天气应关闭门窗，防止球形雷窜入室内造成人身伤害。不要靠近金属物体，不要触摸室内的任何金属管线。

雷雨来临时，尽量不使用电视、电话、计算机等电器，拔掉电源、信号线路的插头不失为一种应急防护措施；不要使用太阳能热水器洗澡。

（二）室外防雷知识

遇强雷雨天气时，要避免使自己成为制高点，应尽快离开屋顶、山顶、山坡、山脊、河流、湖泊等易遭雷击的地点，避免多人拥挤在一起躲避雷雨。禁止在大树、高耸孤立的物体下躲避雷雨。不宜在野外空旷、孤立且没有防雷装置的棚屋、凉亭中躲避雷雨。

禁止游泳或从事其他水上运动，也不宜进行户外球类、攀爬等运动。不宜进行野外露天作业、使用移动电话。不宜打带有金属杆尖的雨伞，不要把带有金属的工具如铁锹、锄头等扛在肩上。不宜在旷野驾驶摩托车、骑电动车、骑自行车，躲进汽车内并关好车窗是安全可行的。

应尽快到有防雷装置的建筑物内躲避雷雨。在野外应选择地势低洼的地方蹲下，双脚并拢。

（三）遭雷击后如何急救

及时拨打 120 急救电话进行求助。

受雷击而烧伤或严重休克的人，身体是不带电的，抢救时不要有顾虑，应该迅速实施紧急抢救。

若伤者失去知觉，但有呼吸和心跳，应该让其舒展平卧，然后等待急救人员到来。若伤者呼吸和心跳停止，可能是一种雷击

导致的"假死"现象，要及时抢救，迅速果断地进行心肺复苏，直至急救人员到来并紧急送往医院抢救。

三、洪水无情，积极自救

（一）洪水到来前应做好充分准备

根据相关洪水预报信息，结合自身位置和条件，冷静选择最佳路线撤离，避免"人未撤，水先到"的被动局面；当水情预报比较紧急的时候，准备好食物和衣服，一旦需要疏散能马上离开。

备足速食食品、饮用水和日用品；将不便携带的贵重物品作防水保护后埋入地下或放在高处；保存好尚能使用的通信工具。

（二）洪水到来时的自救

如果来不及疏散，应就近向高处撤离，如山坡、高地、楼顶、大树等，等待救援。切忌爬到土坯房的屋顶，这些房屋浸水后容易倒塌。

等待救援的过程可以用以下方法求救：利用通信工具，制造烟火，挥动颜色鲜艳的衣物，集体同声呼救。

等待救援的同时，也可以寻找体积较大的漂浮物，比如门板、桌椅、木床和大块泡沫塑料等或将其捆扎成筏，积极自救。

若发现高压线铁塔倾斜或者电线断头下垂时，一定要迅速避开，防止触电。

（三）被洪水卷入后的自救

充分利用周边环境条件，想办法脱险。

尽可能抓住固定物或水面漂浮物，寻找机会逃生。

应尽量保存体力，可以仰泳方式漂浮于水面，调整呼吸，避免呛水，尽量向岸边靠近，避免陷入旋流。当有人施救时，不要

搂抱对方。

四、台风来时要避让

在室内时，应切断各类电器的电源，关紧燃气阀，关紧门窗。强风会吹落高空物品，花盆、晾衣竿、雨篷、杂物等要及时搬离。台风可能造成停电停水，准备好应急灯、手电筒、蜡烛等。另外，不妨再备些矿泉水、即食食品、常用药品等。注意收听、收看有关报道，了解台风的最新情况。如没有特殊情况，尽量不要外出行走。

在室外时，应穿颜色鲜艳的衣裤，以易于引起注意；行走时尽量弯腰将身体缩成一团，慢慢走稳；顺风时不能跑，应尽可能抓住栏杆等固定物。危旧住房、厂房、工棚、临时建筑（如围墙、脚手架等）、市政公用设施、广告牌等有可能被强风吹倒，千万不要在这些地方避风、避雨。同时尽量避免在靠河、靠湖的路堤和桥上行走，不要下河游泳。开车时要记得开启雾灯和危险报警闪光灯，提醒前后来往车辆。在看不清路面标志、标线的情况下，应与前车保持安全距离尾随行车。遇到被台风吹落的广告牌、树枝等障碍物时，需躲避绕行；如从障碍物上直接通过，必须注意杂物可能对车辆造成的损坏。遇到积水路面，首先停车查看积水深度，如水深超过排气管高度，应另择道路绕行。

五、泥石流、山体滑坡

（一）发生时的前兆

注意观察环境，如听到远处山谷传来闷雷般的轰鸣声、看到沟谷溪水断流或溪水突然上涨等；发现有动物异常，如猪、狗、鸡、鸭惊恐不安，老鼠乱窜等；山体出现裂缝等情况时，要警惕，这些很可能是泥石流正在发生或将要发生的征兆。

（二）预防措施

保护和改善山区生态环境。

雨季时不要长时间停留在沟谷地带。露宿时要避开有滚石和大量堆积物的山体下方、谷底和山沟。

若发现地质灾害警示牌或告示牌，要根据警告内容，尽量远离危险区。

（三）发生时的脱险自救

如发现有泥石流、山体滑坡迹象，要向灾害体两侧跑，千万不要顺着或迎着泥石流、山体滑坡的方向跑动。

不要停留在低洼处，也不要攀爬到树上躲避。不能在土质松软的地方、有滚石和大量堆积物的山坡下停留，应选择稳固的高地。

不要贪恋财物，应以确保自身安全为第一原则，迅速撤离。

行车中遭遇山体滑坡，应迅速离开有斜坡的路段，人绕道、车绕行。

雨停后，不要急于返回，应确定无危险后再返回。

六、地震来临要冷静

目前我们虽然无法预测地震的发生，但只要掌握一些技巧，还是可以将伤害降到最低的。发生大地震时，人们心理上易产生恐慌。为防止混乱，每个人依据正确的信息，冷静地采取行动，极为重要。

（一）室内应急防震

地震中地面的运动一般不会造成直接伤亡。大多数伤亡是由建筑物的坍塌以及次生灾害造成的。如果有临震预报，就可按政府通告行动，离开建筑物。但在多数情况下，地震是突然发生的。我们应在自身感应到地震发生的 12 秒之内采取科学措施、合理应对，以达到最好的防护效果。

如果在家里，应立即关闭煤气阀门和电闸、将炉火扑灭。若住在平房，且地震时离门很近，则应冲出门外。若住在楼房，则应躲到写字台、桌子或者长凳下，或者将身子紧贴内部承重墙作为掩护，然后双手抓牢固定物体。如果附近没有写字台或桌子，可用双臂护住头部、脸部，蹲伏在房间的角落。地震的晃动会造成钢筋水泥等结构的房屋门窗错位，打不开门。强震过后，应尽量将门打开，确保出口畅通。

如果在地下商场，一定要听从现场工作人员的指挥，千万不要慌乱、拥挤，应避开人流，防止摔倒；并要把双手交叉放在胸前，保护自己，用肩和背承受外部压力。随人流行动时，要避免被挤到墙壁或栅栏处；要解开衣领，保持呼吸畅通。也可躲在柜台、框架物中，蹲在内墙角及柱子边，并护住头部。

若在电影院、体育馆等地方，可就地蹲在排椅下，用书包等物保护头部，注意避开吊灯、电扇等悬挂物。

千万不要跳楼、跳窗，以免摔伤或被玻璃扎伤；不要上阳台，不要乘电梯，不要下楼梯，不要乱跑，不要随人流拥挤，人多的地方容易崩塌垮掉、发生挤压。发生有感地震时，尤其要防止盲目行动，要听从指挥，否则会造成更大的损失。所有室内人员在初震过后，都要尽快撤到广场、公园、人防工程等安全场所，以避余震。

若被埋在废墟里，则要设法移动身边可动之物，扩大空间，进行加固，以防余震。这时不要用明火，防止易燃气体泄漏爆炸。要捂住口鼻，防止附近有毒气体泄漏。可以敲击管道或墙壁提示救援人员，可能的话，应使用哨子。在其他方式都不奏效的情况下才选择呼喊，因为喊叫可能会吸入大量有害灰尘并消耗体能。

（二）室外应急防震

地震发生时正在室外的人员，应双手交叉放在头上，最好用安全帽等合适的物件罩在头上，跑到空旷的地方去。

当大地剧烈摇晃，人们站立不稳的时候，大多希望有东西可以扶靠、抓握，身边的门柱、墙壁大多会成为扶靠的对象。但是，这些平时看上去结实牢固的东西，在地震时却会给人带来危险。

应注意避开高大的建筑物及危险的设施，特别是有玻璃墙的高层建筑物、烟囱、水塔、广告牌、路灯、大吊车、砖瓦堆、水泥预制板墙、油库、危险品仓库、立交桥、过街天桥等，还要注意避开危旧房屋、狭窄的街道等危险之地。

079

发生大地震时，汽车会像轮胎泄了气似的，无法把握方向盘，难以驾驶。这时应避开十字路口，将车子靠路边停下，为了不妨碍避难疏散的人群和紧急车辆的通行，要让出道路的中间部分。

地震时正在郊外的人员，应迅速离开山边、陡峭的倾斜地段等危险地带，以防滑坡、山崩、断崖落石、地裂等突发事件。在海岸边，还要注意预防海啸。

在地震发生后，若因地震造成火灾，火势蔓延，出现危及生命、人身安全等情形时，应采取避难措施。原则上以防灾组织、街道等为单位，听从指挥，在救灾人员带领下采取徒步避难的方式前往安全场地，随身携带的物品应尽量少。绝对不能利用汽车、自行车避难。

七、雾霾天，少出门

雾，是一种自然天气现象。霾，是指空气中因悬浮着大量烟、尘等微粒而形成的浑浊现象。雾霾，是雾和霾的组合词，多见于城市。雾霾主要由二氧化硫、氮氧化合物和可吸入颗粒物等组成，前两者为气态污染物，它们与雾气结合在一起，会让天空变得灰蒙蒙的。雾霾天气是一种大气污染状态。遇雾霾天气应注意以下几点：

减少外出。抵抗力弱的老人、儿童以及患有呼吸系统疾病的易感人群更应尽量减少外出，外出时应戴口罩防护，防止污染物由鼻、口侵入肺部。外出归来后，应立即清洗面部及裸露肌肤。

减少户外锻炼。中度和重度雾霾天气易对人体呼吸系统造成刺激，尤其是早晨，空气质量较差，不宜外出锻炼，可以等太阳出来以后再锻炼，或者改为室内锻炼。

关闭门窗。遇雾霾天气时，空气中的污染物难以消散，紧闭门窗可避免因室外雾霾进入室内而污染室内空气。急性呼吸道和心血管疾病患者，可以选择中午阳光比较充足、污染物较少的时候短时间开窗换气。可以在阳台、露台、室内种植对人体有益的绿植，如绿萝、万年青、虎皮兰等绿色冠叶类植物，这些植物叶片较大，有利于净化室内空气。

注意饮食。患有慢性呼吸道疾病的患者，尤其是老年人，要保持科学的生活规律，避免过度劳累。要多饮水，在平衡膳食的基础上，注意饮食清淡，少食刺激性食物，多吃些豆制品、牛奶等，必要时要补充维生素 D。

行车、走路要倍加小心。中度和重度雾霾天气时，能见度较低，视线差，驾车、骑车和步行都应多加小心，特别是通过交叉路口和无人看管的铁道口时，要减速慢行，遵守交通规则，做到"一慢、二看、三通过"，避免发生交通事故。

八、雨雪冰冻天气

冬季容易出现雨雪冰冻天气，为有效应对，应掌握一些常识，防止意外事故的发生。

要关注天气预报。及时了解气温变化趋势，做好相应的预防措施，尽量将灾害天气造成的损失降至最低。

要防范交通事故。增强安全防范意识，尽量减少出行，谨慎驾车。路面结冰时，不要骑电瓶车，防止滑倒摔伤或酿成交通事故。上路行车保持安全距离，安全车距在平时四倍以上，车速控制在 20 ～ 30 千米/时。

要做好防冻工作。主动做好户外自来水和燃气、煤气管道的防冻工作，水表和水管要采取保暖措施，并保持室内水管有水流动，防止管道冻裂。

第八节 家庭健康

一、传染病，巧预防

传染病是由细菌、病毒、寄生虫等特殊病原体引发的具有传染性的疾病。其主要特征是：有特异的病原体；有传染性；有流行性、季节性、地方性；有一定的潜伏期；有特殊临床表现，包括高热、肝脾肿大、毒血症、皮疹等。

（一）家庭传染预防

隔离：是指将病人与健康的人分开，以切断传播途径。如将病人送传染病院或让病人分房住或单独睡；分开吃，有专用的餐具；有专用的便盆、痰盂等，做到分用、分洗、分放。及时消毒病人的一切用具，对病人的排泄物也要消毒，以杀死病原体。总之，隔离的目的是防止病人排出的病原体污染环境，感染健康的人。

治疗：积极的治疗，不仅可防止病人本身的病情继续发展，而且可杀死病人体内的病原体。

（二）预防疾病传播的措施

勤晒被褥勤开窗，保持室内空气新鲜，光线充足。

及时清除室内垃圾污物，保持室内清洁卫生。做好灭蚊、灭蝇、灭鼠和防蚊、防蝇、防鼠等工作。

注意个人卫生，不吃腐烂变质食物，不吃病人吃剩下的食物。

家庭成员中与病人密切接触者必须服用预防药物或应急接种疫苗。

二、家庭用药安全

（一）用药安全八则

1. 到合法的药店购买药品。

非处方药（药品包装盒的右上角标有"**OTC**"或"**OTC**"标志）不需要凭医生的处方，可在药店药师的指导下购买和使用。购买非处方药时，应对患者的病情有明确的了解，如曾用过什么药品，用药的效果如何，有无过敏史等。

处方药必须凭医生处方才可购买和使用，若没有医生处方，药店不会随意售卖。

买药时，一定要仔细查看药品包装上的生产日期、有效期等内容，不要购买过期药品。

一定要把购药的凭证保管好，如购药小票或发票，万一药品质量有问题，购药凭证是投诉、索赔和维护自己权益的重要凭据。

083

2. 购买药品之前应仔细阅读药品说明书。

药品说明书是由国家药品监督管理部门核准，指导医生和患者选择、使用药品的重要参考，也是保障用药安全的重要依据。如果对说明书内容不明白，可以向店内的药师咨询，以免买错药，用错药。

核对药品名称。有些药品有多种名称，如通用名称、商品名称等。药品的通用名称是国家药典采用的法定名称，不论哪个厂家生产的同种药品，通用名称都是一样的。商品名称是药厂通过注册受法律保护的专有药名。买药时，需要知道药品的通用名称，以免重复用药。

看清适应症。适应症指药品适用于治疗哪些疾病。一定要注意药品的适应症，只有对症下药，才能达到治病的目的。

药品的用法用量很关键。不同的药品分别要求在饭前（用餐前半小时）、饭后（用餐后 15～30 分钟）或饭时（用餐的同时）使用。遵照规定用药，有利于药品的吸收和降低不良反应发生的概率。药品的用量，应根据年龄不同而有所区别。说明书上的用量大多为成人剂量，60 岁以上老人通常用成人剂量的四分之三，小儿用药量比成人少，可根据年龄按成人剂量折算，也可按体重或按体表面积计算，或遵医嘱使用。有些药品儿童不宜使用，购买时需向药师认真咨询。

重视说明书中的禁忌症和注意事项。

认真对待药品的不良反应：药品说明书上所列的不良反应，不是每个人都会发生的，一般发生率很低。出现药品不良反应与很多因素有关，如身体状况、年龄、遗传因素、饮酒等。不要看到说明书上列了不良反应就不敢用药了。若在用药时出现了不良反应，轻微而又需继续治疗的，可以一边治疗一边观察，同时向医生或药师咨询，较严重的应立即停药到医院就诊。

084

3. 正确服用口服药品。

目前，80％以上的药品是通过口服途径摄取的，包括片剂、胶囊剂、颗粒剂、糖浆剂、丸剂、口服液等。正确服用口服药品的方法是：

先洗净双手，倒一杯温开水。然后喝一口水，润润喉咙和食管。接着把药含入口中，再抿一口水，像平时咽东西一样把药咽下，紧接着再喝几口水。

服用止咳化痰溶液或含片后，不要马上喝水。服用这类药后若马上喝水，会稀释口咽部药物有效成分，使局部药物浓度降低，影响药效。

服药后不要马上躺下，最好站立或走动 1 分钟，以便药物完全进入胃里。为避免腐蚀性或溃疡性食管炎发生，服用治疗骨质疏松症的阿仑膦酸钠片时，需饮清水 200～300 毫升，立位或坐位至少 30 分钟。

4. 服药时不宜饮酒。

酒中含有乙醇，乙醇除了会加速某些药物在体内的代谢转化、降低疗效外，还可能诱发药品不良反应。长期饮酒可能引起肝功能损伤，影响肝脏对药物的代谢功能，使许多药品的不良反应增加。若服药时饮酒，可使消化道血管扩张，增加药物吸收，从而易引起不良反应。如服用巴比妥类药物时饮酒，则会增强巴比妥类药物的中枢抑制作用，从而对人体造成危害。乙醇可诱发低血糖，服用降糖药时饮酒会引起低血糖反应。甲硝唑、头孢菌素类药物可抑制乙醛脱氢酶的活性，导致体内乙醛蓄积，出现双硫仑样反应（醉酒样反应），严重时会危及生命。因此，服药时不宜饮酒。

5. 安全合理使用抗菌药物。

（1）必须按时、按量使用。因为抗菌药物在体内达到稳定浓度才能杀菌、抑菌，不规律的用药不仅达不到治疗效果，还会给细菌带来喘息和繁殖的机会。

（2）一定要按照处方规定的疗程使用。因为抗菌药物完全杀灭或抑制细菌需要一定的时间，如果没有按疗程用完，易导致细菌产生耐药性，疾病难以治愈。口服抗菌药物一般至少要服3 天。

（3）每种抗菌药物都是对某种或数种细菌有效，医生开处方也会考虑到患者的个体情况，比如是否过敏、肝肾功能是否正常等情况，因此，一定要在医生指导下，严格按医嘱用药。

6. 特殊人群用药需注意的问题。

（1）老年人用药需注意的问题。

要针对病情合理选药，尽量避免一次使用多种药品，以免发

生由于药物相互作用引发的不良反应。

老年人胃肠道消化功能减弱，肠蠕动减慢，对药物的吸收比青壮年要多；肝、肾功能衰退，对药物的代谢能力下降、排泄速度减慢。因此，老年人的用药剂量应比青壮年少。

患慢性病长期用药的，一定要定期到医院复查，监测肝肾功能，及时调整用药品种和用量，以免药物蓄积而中毒。

对之前从未用过的药品要特别注意，如果出现不良反应，应立即停药，及时与医生沟通。对过去使用曾引起过不良反应，特别是过敏反应的药品，尽量避免再次使用。

用药期间应注意随时观察药品的作用及疗效，及时和家人沟通，让家人了解自己的用药情况，以确保用药安全有效。

（2）儿童用药需注意的问题。

086

儿童不宜用成人药品。儿童用药的选择无论是品种，还是剂型、剂量，都需考虑这个年龄段发育的特点，不能随意参照成人用药。对明确规定儿童禁用的药品，坚决不能给儿童使用；对没有明确规定儿童禁用的药品，则需要在医生或药师指导下，选用适宜的剂型和剂量，并在儿童用药期间注意观察，监测用药效果或可能发生的不良反应。

儿童不宜用补药，不宜用保健食品，不滥用人参及其制剂。服用补品，有时不仅无益，还可能带来严重的危害。

（3）妊娠期妇女用药需注意的问题。

原则上，孕妇在整个妊娠期间应当尽量少用或不用药品，包括中药及外用药。如必须使用药品，一定要在医生的指导下谨慎用药。特别要注意的是：

尽量避免使用新药、能引起子宫收缩的药品以及含有禁忌成分（如巴豆、芦荟、麝香等）的中成药。

妊娠的前三个月是胎儿器官发育的重要阶段，因此，用药需特别谨慎，应避免使用危害胎儿发育的药品。

（4）哺乳期妇女用药需注意的问题。

哺乳期妇女不要使用有抑制或减少乳汁分泌作用的药品，不要使用影响婴儿健康的药品。如因患某些严重疾病，必须使用的药品会影响婴儿的健康，则应该停止哺乳再用药治疗。

7. 有关中药的知识。

（1）偏方、验方能随意拿来使用吗？

偏方、验方是指在长期临床实践中总结出来的某些经验之方，它们各自有其明确的适应症，必须对症才能使用。如果自己随意使用偏方、验方，有可能出现药不对症、药量过大或用药时间过长等问题，不仅对疾病的治疗不利，还可能耽误病情，甚至产生不良后果。尤其对于急、危、重症患者，绝不能轻易使用偏方、验方，必须及时到医院就诊，以免贻误病情。所以，偏方、验方不能随意拿来使用。

（2）慎用未经炮制的中药材。

在民间有将中药材入膳或直接使用的习俗。有些中药材含有一定的毒性，甚至是剧毒，若未经科学的方法炮制去除或减少毒性，使用不当会造成严重后果。如生川乌、生草乌是毒性中药材，治疗剂量和中毒剂量相近，使用不当会出现口唇及四肢麻木、心律失常等中毒症状，严重者可能死亡。又如，何首乌含有蒽醌类化学成分，生品无论内服还是外用，都可产生肝损伤的副作用，必须加工炮制、减少毒性后才可使用。所以，中药材不可盲目自行使用，需在医生或药师指导下安全合理使用。

（3）服用中药期间有哪些饮食禁忌？

服用清内热的中药时，不宜食用葱、蒜、胡椒、羊肉、狗肉等热性的食物；服用温中类的中药治疗寒症时，应禁食生冷食物；哮喘、过敏性疾病患者，应少进食鸡肉、羊肉及鱼、虾、蟹

等；水肿患者应减少盐的摄入；皮肤病及疮疖患者应忌食虾、鱼、羊肉等。

8. 保健食品不能代替药物。

有些人认为是药三分毒，能不吃药尽量不吃，宁愿吃保健食品。保健食品是不能治疗疾病的，《中华人民共和国食品安全法》规定：保健食品不能代替药物。如果某种保健食品的确对疾病有明显的治疗作用，那它可能非法添加了药物成分。

药品的批准文号是"国药准字"。保健食品的批准文号是"国食健字"或"卫食健（进）字"，外包装上有" "的标志。国家药品监督管理局官网的"企业查询"栏目可以查询药品和保健食品的相关信息。如果同时服用药品和保健食品，可能会引发不良的相互作用。如心内科患者常用抗凝血药"华法林"，与含人参的保健食品同时服用，会降低华法林的抗凝作用；服用华法林的同时吃深海鱼油，则会增强抗凝作用，易诱发体内出血。

（二）家庭常备药品

常用药品是每个家庭必备品，特别是有老人、儿童的家庭。

1. 选择家庭常备药应遵循的原则。

（1）根据家庭成员的组成和健康状况备药。如有老人和儿童，要特别注意准备适于他们用的药品。家庭药箱严禁混入家庭成员过敏的药品。

（2）选择副作用较小的非处方药或上市时间较长的药品。上市时间较长的药品毒副作用已得到充分暴露，一般说明书上都有明确说明，容易发现和预防。新上市的药品由于使用时间短，可能会出现一些意想不到的不良反应，不适于家庭备用。

（3）选择疗效确切、用法简单的药品。尽量选择口服药、外用药。选择治疗常见病、多发病的药品。

2. 家庭常备药的主要种类。

（1）治感冒类药：如感冒颗粒、小儿氨酚烷胺颗粒、复方氨酚烷胺胶囊、连花清瘟胶囊等。

（2）止咳化痰药：如右美沙芬、强力枇杷露、复方鲜竹沥液等。

（3）助消化药：如多潘立酮片、消化酶片、大山楂颗粒等。

（4）通便药：如酚酞片、开塞露等。

（5）止泻药：如复方黄连素片、蒙脱石散等。

（6）抗过敏药：如氯雷他定片、氯苯那敏片等。

（7）抗心绞痛药：如速效救心丸等。

（8）外用消毒药：如酒精、聚维酮碘溶液等。

（9）外用止痛药：如风湿膏、云南白药膏、云南白药气雾剂等。

（10）烫伤药：如烧烫伤膏、京万红软膏等。

（11）其他：如创可贴、风油精、清凉油、消毒棉签等。

家庭备药除个别需要长期使用的药品外，备量不宜过多，一般够三五日剂量即可，以免因备量过多造成失效浪费。

3. 家庭常备药的保管。

（1）合理贮存：药物常因光、热、水分、空气、酸、碱、温度、微生物等外界条件影响而变质失效，所以需要按照说明书标示的要求存放。常温是指 10～30℃；阴凉处是指不超过 20℃；凉暗处是指避光并不超过 20℃；冷处是指 2～10℃；遮光是指用不透光的容器包装，如棕色容器或黑色包装材料包裹的无色透明、半透明容器；密闭是指将容器密闭，以防止尘土及异物进入。

（2）注明有效期：药品均有有效期，过了有效期便不能再使用，否则会影响疗效，甚至会带来不良后果。散装药应按类分开，并贴上醒目的标签，写明存放日期、药品名称、用法、用量、有效期。应定期对备用药品进行检查，及时更换。滴眼液开启后要备注开启时间。《中华人民共和国药典》规定"眼用制剂在开启后最多可使用 4 周"。某些滴眼液的使用期限有着特殊要求，比如利福平滴眼液配制后的使用期限为 2 周，吡诺克辛滴眼液开启后的使用期限为 20 天。

（3）注意外观变化：使用贮备药品时应注意观察外观变化。如片剂产生松散、变色，糖衣片的糖衣粘连或开裂，胶囊剂的胶囊粘连、开裂，丸剂粘连、霉变或虫蛀，散剂严重吸潮、结块、发霉，滴眼液变色、混浊，软膏剂有异味、变色或油层析出等，则不能再用。

（4）妥善保管：内服药与外用药应分别放置，以免忙中取错。药品应放在安全的地方，防止儿童误服。药品外包装和说明书也要保管好，以便随时查阅药品相关信息。

090

（5）定期清理：变质的或超过有效期的药品，不能随意丢弃，以免造成环境污染，可以送至药品监管部门指定的过期药品回收点进行回收。

三、安全养宠物

（一）日常生活中的预防知识

养宠物的家庭应该注意人畜共处可能引发的传染病，要到宠物医院给宠物体检，并注射防止寄生虫的六联针和狂犬病疫苗。同时给家人进行暴露前免疫，接种后如被动物咬伤，机体可以迅速产生中和性抗体，得到及时保护；对被严重咬伤者，接种效果尤为明显。

经常消毒宠物餐具、玩具，及时处理宠物粪便和分泌物，避免滞留在地面。应经常用宠物专用除菌洗涤剂为宠物清洁身体。

宠物小窝也要勤加清理，以免滋生细菌或寄生虫。

（二）狂犬病的预防

狂犬病是由狂犬病毒引起的一种人兽共患急性传染病，又称恐水病、疯狗病等。感染狂犬病的动物，唾液中含有狂犬病病毒，它们通过咬伤、抓伤人致人体感染。狂犬病毒潜伏期通常为30～90天，短则不到一周，长则一年以上，这取决于狂犬病毒侵入部位和病毒载量等因素。人对狂犬病毒普遍易感，目前尚无治疗狂犬病的有效手段，病死率100％。感染后一旦发病，临床上可能出现恐水、恐风、呼吸困难、吞咽困难等症状，患者大多在发生症状3天后即昏迷死亡，很少超过10天。

猫、狗等家养动物，狼、鼬獾等野生动物均易感染狂犬病毒，老鼠等啮齿类动物也有可能感染。总之，几乎所有的温血动物，都有可能感染狂犬病毒。

被宠物咬（抓）伤后，一般先用大量清水冲洗伤口，然后交替使用肥皂水等弱碱性清洗剂冲洗伤口15分钟以上，冲洗及时、到位能显著降低狂犬病发病率。冲洗后应尽快前往犬伤门诊接受正规治疗。狂犬病疫苗有两种注射程序可供选择：一种是4针法，即当天接种2针、第7天、第21天各接种1针；一种是5针法，即当天、第3天、第7天、第14天、第28天各接种1针。

世界卫生组织（WHO）指出：考虑到狂犬病是100％致死性疾病，对高度危险的暴露者在权衡利弊的情况下，接种狂犬疫苗不存在任何禁忌症，应立即接种。包括哺乳期、妊娠期妇女、新生儿、婴儿、儿童、老年人或同时患有其他疾病的人。国内外大量研究表明，孕妇接种狂犬病疫苗是安全的，并且不会对胎儿造成影响。

第九节 财产安全

一、电信诈骗的常见类型

电信诈骗是犯罪分子以非法占有为目的，利用移动电话、固定电话、互联网等通信工具，采取远程、非接触的方式，通过虚构事实、设置骗局，诱使他人往指定的账号打款或转账，骗取财物的行为。

电信诈骗团伙中，有专门成员负责编写诈骗剧本，针对不同群体，量身定制、精心设计、编制骗局，具有很强的欺骗性和严重的社会危害性。

"电话欠费"、冒充"公检法"、伪基站……这些层出不穷的电信诈骗，你是否听过、遇过，甚至中招过？

092

微信伪装身份、"娱乐节目中奖"、"猜猜我是谁"……在五花八门的骗局面前，你是否分得清、辨得出、躲得过？

小心电信诈骗这些套路——

（一）通过即时通信软件进行诈骗

1. 利用 QQ、微信冒充好友、老总诈骗。

"在吗？我最近出了点事儿，急需用钱，给哥们儿借点。""小王啊，有个工程需要打款，你赶紧转到 6226××× ××××× ×× ××。""李总公司需要点资金运转，今天下班前就得到账，你转 50 万到这个卡号 6226× ××× ×××× ××××。"此类诈骗主要借助木马病毒程序，盗取他人 QQ、微信密

码，截取对方聊天视频资料，获取对方资料。而后冒充该 QQ、微信账号主人，以"交话费、患病、急用钱"等紧急事由实施诈骗。或通过技术手段获取公司内部人员架构情况，复制公司老总微信昵称和头像图片，而后冒充公司老总，添加财务人员微信实施诈骗。

2. 通过微信伪装身份诈骗。

"这就是我本人，肯定没有 p 过图。"此类诈骗是利用微信"附近的人"查看周围朋友情况，伪装"高富帅"或"白富美"将诈骗对象加为好友。在骗取他人信任后，以资金紧张、家人有难等名义骗取钱财。

3. 假冒微信商家诈骗。

"亲，正品海外代购，假一赔十，我家肯定是全网最低价。"此类诈骗是在微信朋友圈假冒正规微商，以优惠、打折、海外代购等为诱饵"销售商品"。待买家付款后，又以商品被海关扣下、要加缴"关税"等为由要求加付款项骗取钱财。

4. 利用微信发布虚假爱心行动诈骗。

"大宝，男，5 岁，身高 110 厘米……"实施诈骗者往往虚构"寻人""扶困"的帖子，以"爱心传递"方式在朋友圈里发布，引诱善良网民转发。以帖内所留联系方式，通过吸费电话、骗取善款等手段实施诈骗。

5. 盗用微信公众账号诈骗。

"××有限公司，诚聘网络兼职，有意者请发简历至××邮箱。"诈骗者采用的方法是盗取商家公众账号，发布"诚招网络兼职、帮助淘宝卖家刷信誉、可从中赚取佣金"之类的虚假推送信息引诱他人上当，实施诈骗。

（二）通过网络、电话、短信发布虚构信息进行诈骗

1. 谎称提供色情、重金求子等服务进行诈骗。

"必须先转账,再提供服务,我们也不容易!"这类骗子会在网络上发布提供色情服务的联系电话,引诱他人与之联系,后以先付款再上门提供服务的名义实施诈骗。

"结婚多年没有孩子,望各位伸出援手,必有重谢!"有的骗子谎称自己是年轻貌美富婆,愿出重金借种求子,引诱他人上当,以"诚意金""检查费"等名义实施诈骗。

2. 虚构手术、车祸等意外诈骗。

"您好,您的父亲在××路出了意外,需要钱处理交通事故,请马上转账到6226××××××××××××"您父亲今天在街上摔倒,我将他送到医院,需要住院费,急!赶紧转。"此类骗子会虚构当事人亲属或者朋友遭遇意外,以需要紧急处理交通事故或需紧急手术的名义,要求立即转账。当事人如果急中生乱,按犯罪分子指示将钱款打入指定账户就会被骗。

3. 虚构中奖诈骗。

"您好,恭喜您获得《中国好××》第五季幸运观众,点开链接,看领奖方式!"骗子会以"我要上××""跑×""幸运××"等热播节目节目组的名义群发短信,称当事人已被抽选为节目幸运观众,将获巨额奖品,后以要交"个人所得税""保证金""手续费"等名义实施连环诈骗,诱骗当事人向指定银行账号汇款。

4. 敲诈勒索。

"你儿子现在在我手上,赶紧打10万到账上,要敢报警就等着收尸吧!"骗子可能谎称当事人亲友被绑架,如要解救人质需立即打到指定账户并不能报警,否则撕票。当事人可能会因情况紧急不知所措,按犯罪分子指示将钱款打入指定账户而受骗。

"这是你在外面和别人开房的照片,不想你老婆知道,最好尽快打钱过来!"骗子会通过网络等收集公职人员照片,用电脑合成淫秽图片，附上收款卡号邮寄给当事人，勒索钱财。

"我是××派来杀你的，不想死的话，打点钱过来。"骗子会先获取当事人身份、职业、手机号等资料，再拨打电话自称黑社会人员，受人雇佣要施加伤害，但当事人可以选择破财消灾。然后提供账号，要求汇款。

5. "猜猜我是谁"诈骗。

"猜猜我是谁，猜中有奖哦。"骗子会事先获取当事人姓名、单位、职务和电话号码等信息，打电话给当事人。"还记得我吗？""怎么连我都不记得了？""我帮过你不少忙，你不会这么快忘记吧！"骗子会用此种方式让当事人"猜猜我是谁"。继而通过心理暗示，以所猜的熟人身份引导当事人与其交谈（当事人可能会先入为主，在心理暗示之下，会越聊越感觉对方就是自己所猜的人）。随后，骗子会编造自己被"治安拘留""交通肇事""送领导红包"等事由向当事人借钱，要求将钱打入指定的账户内。若当事人不辨真假，一不小心就中招。

6. 网络购物诈骗。

"您好！由于相关税收政策调整，您购买的宝马 X5 最新款可办理退税……"骗子会事先获取当事人购买房产、汽车等信息，以税收政策调整、可办理退税的名义，诱骗事主到 ATM 机上实施转账操作，将卡内存款转入骗子指定账户。

"不好意思，由于系统故障，需要您重新输入个人信息。"骗子还会开设虚假购物网站或淘宝店铺，诱使他人下单购买商品，后以系统故障、订单出现问题、需要重新激活等名义，通过 QQ 向当事人发送虚假激活网址。当事人被骗发送淘宝账号、银行卡号、密码及验证码后，账户内资金即被迅速转走。

"您在本网站购买的刘冰冰同款长裙缺货，请留下卡号等信息，为您退款。"还有骗子冒充淘宝等公司客服人员拨打电话或者发送短信，谎称当事人所购的商品缺货，需要退款。骗得当事人银行卡号、密码等信息后，转走账户资金。

（三）谎称提供各类服务进行诈骗

1. 提供考题诈骗。

"2016年小升初考题，只要100元，妈妈再也不用担心我上不了重点中学啦。"有的骗子针对即将参加考试的考生拨打电话，称能提供考题或答案诱骗考生将费用转入指定账户。

2. 高薪招聘诈骗。

"100强offer随你挑，只要1000元保证金，到账马上安排工作。"这类骗子会采用群发短信的方式，号称以月工资数万元的高薪招聘某类专业人士，要求当事人到指定地点面试，随后以收取培训费、服装费、保证金等名义实施诈骗。

3. 订票诈骗。

"最快的订票信息，最低的价格。"骗子利用门户网站、旅游网站、搜索引擎等投放广告，制作虚假的网上订票公司网页，发布订购机票、火车票等虚假信息，以较低票价引诱他人购买。随后，以"身份信息不全""账号被冻""订票不成功"等理由要求事主再次汇款，从而实施诈骗。

"由于天气原因，您的航班已取消，需要改签或退票请点击以下链接。"此类骗子冒充航空公司客服，以"航班取消、提供退票、改签服务"为由，诱骗购票人员多次进行汇款操作，实施连环诈骗。

4. ATM机告示诈骗。

"机器故障，请拨打服务热线955××"。此类诈骗的方法是骗子预先堵塞ATM出卡口，并在ATM机上粘贴虚假服务热线告示，诱使银行卡用户在卡"被吞"后与其联系，套取密码。待用户离开后，骗子再到ATM机取出银行卡，盗取卡内现金。

5. 兑换积分诈骗。

"中国××积分服务 http：//www.……"骗子利用伪基站向公众发送网银升级、10010 商城兑换现金等虚假链接。一旦点击链接，便在当事人手机上植入获取银行账号、密码和手机号的木马病毒，从而进一步实施犯罪。

"积分换手机，史上最划算的积分兑换活动。点开链接，了解详情。"骗子会拨打电话，谎称手机积分可以兑换智能手机，以补足差价等名义要求当事人先汇款到指定账户。或者发送短信，谎称信用卡积分可以兑换现金等，骗得当事人按指定的网址输入银行卡号、密码等信息后，将银行账户内资金转走。

6. 钓鱼网站诈骗。

"登录网址，免费升级银行卡，功能更强大，资金更安全。"以银行网银升级的名义，要求当事人登陆假冒银行的钓鱼网站，进而获取当事人银行账户、网银密码及手机交易码等信息实施诈骗。

（四）冒充各种身份进行诈骗

1. 冒充公检法人员进行电话诈骗。

"您好，我们是××中级人民法院，我们查到您涉嫌洗钱，请……"骗子会冒充公检法工作人员拨打受害人电话，以当事人身份信息被盗用、涉嫌洗钱犯罪等为由，要求将其资金转入"国家账户"配合调查。

"您好！您的个人信息已泄露，需将资金转到安全账户。"骗子会通过群发短信，谎称当事人银行卡消费、个人信息可能泄露。然后，冒充银联中心或公安民警连环设套，要求当事人将银行卡中的钱款转入指定的"安全账户"，或套取银行账号、密码后转走账户内的资金。

2. 冒充房东进行短信诈骗。

"小王啊，我最近办了张新的银行卡，以后房租你就打到这张卡上，麻烦了！"有的骗子会冒充房东群发短信，称房东银行卡已换，要求将租金打入其他指定账户内。有部分租客因信以为真而被骗。

3. 谎称电话、电视欠费进行诈骗。

"您好！您的手机余额不足，为了不影响您的正常使用，请转款到××缴费。"骗子还会冒充运营企业工作人员，向当事人拨打电话或直接播放电脑语音，以其电话欠费为由，要求将欠费资金转到指定账户。

4. 通过签收来历不明的快递进行诈骗。

"喂，我是××快递，您的包裹查不到具体地址，麻烦您再发一下。"有的骗子冒充快递人员拨打当事人电话，称其有快递需要签收但看不清具体地址、姓名，需提供详细信息以便于送货上门。事后通过快递人员送上物品（如假烟、假酒），一旦当事人签收，随即拨打电话称其已签收必须付款，否则讨债公司或黑社会将上门找麻烦。

5. 谎称发放补助救助、助学金进行诈骗。

"请问是××同学家长吗？您申请的补助已经审批通过，需要您提供银行卡号。"骗子还会冒充民政、残联等单位的工作人员，向残疾人、困难群众、学生家长打电话、发短信，谎称可以领取补助金、救助金、助学金，要其提供银行卡号。然后以到账查询为由，指令其在自动取款机上操作，将钱转走。

6. 冒充医保、社保工作人员进行诈骗。

"您好，我是人社局的，您的社保卡有问题，麻烦提供验证信息。"有的骗子冒充社保、医保中心工作人员，谎称当事人医保、社保出现异常，可能被冒用、透支，或涉嫌洗钱、制贩毒等犯罪活动。之后，冒充司法机关工作人员称需调查，以便于核查为由，诱骗当事人向指定的安全账户汇款。

二、如何防范电信诈骗

（一）记住"十个凡是"

1. **凡是**自称公检法要求汇款的。

2. **凡是**要求汇款到"安全账户"的。

3. **凡是**通知中奖、领取补贴要求先交钱的。

4. **凡是**通知"家属出事"要求先汇款的。

5. **凡是**在电话中索要个人和银行卡信息的。

6. **凡是**要求开通网银接受检查的。

7. **凡是**要求到宾馆开房接受调查的。

8. **凡是**要求登录网站查看通缉令的。

9. **凡是**自称领导（老板）要求汇款的。

10. **凡是**要求登录陌生网站（链接）并输入银行卡信息的。

以上种种，均涉嫌电信诈骗。

（二）谨记"六个不"

1. **不轻信**。不轻信来历不明的电话和短信，不回复可疑短信，不给犯罪分子进一步设套的机会。

2. **不透露**。不因贪小利而受诱惑，不轻易向他人透露自己及关系人的身份信息、通信工具、存款及银行卡信息等情况。

3. **不转账**。学习了解银行卡常识，保证自己的银行卡内资金安全，坚决不向陌生人汇款、转账。

4. **不扫码**。来历不明的二维码有巨大风险。扫码可能导致手机中病毒、信息资料被盗、关联的银行卡资金被盗等情况。

5. **不点击链接**。来历不明的链接有巨大风险。点击后可能导致信息资料被盗、关联的银行卡资金被盗等情况。

6. **不接听转接电话**。接听对方来电后，若要求在电话里转接其他电话"核实情况"的，不论显示的是什么电话号码，肯

定是诈骗电话（犯罪分子使用了任意显号软件，哪怕显示的是110，也必然是诈骗）。

（三）遇事"三问"

遇到疑似诈骗应主动问本地警察，问银行，问当事人。

切记，一定要主动拨打对方电话或者直接到办公场所询问，千万不要通过转接电话的方式询问。

三、遭遇电信诈骗怎么办

首先，准确记录骗子的账号、账户姓名。然后，立即拨打110或者到最近的公安机关报案，及时准确地将骗子的账号、账户姓名提供给民警，由公安机关实施紧急止付措施。

第三章
事故的紧急处理

第一节 报警与求救

一、应急呼救与报警

发生人员伤亡事故：对生产安全事故受伤人员，除了本单位紧急抢救外，应迅速拨打 120 电话请求急救中心（站）进行急救。打电话时不要慌乱，要清楚告知事故所在地点、目前人员受伤情况（包括伤情、部位、受伤人数等）。

发生火灾、爆炸事故：拨打 119 火警电话，应讲清着火单位名称、详细地点及着火物质、火情大小，报警人姓名及电话号码。报警后安排人到路口等候消防车，为消防车指引道路。

发生道路交通事故：除了紧急抢救伤员和财产外，还要保护好现场，并迅速拨打 122 电话报警，讲清事故发生地点、主要情况和造成的后果。如有人员伤亡，应同时拨打 120 急救电话。

水上遇险：拨打求救电话 12395。

危急时刻：拨打 110 报警电话。110 报警服务台除负责受理刑事、治安案件外，还受理群众突遇的、个人无力解决的紧急危难求助。

二、遇险时的求救信号

如果遇到危险，又处于救援人员不易看到的位置，甚至在野外无人的地方，应当采用以下方法以便被救援人员发现：

声响求救。遇到危难时，除了喊叫求救外，还可以吹响哨子、敲打金属器皿，甚至打碎玻璃等物品向周围发出求救信号。

利用反光镜。遇到危难时，可以利用光的反射发出信号。常见工具有手电筒、能反光的镜子、罐头壳、玻璃片、眼镜、回光仪等。每分钟闪照6次，停顿1分钟后，再重复进行。

抛物求救。在高楼遇到危难时，可抛掷软物，如枕头、书本、空塑料瓶等，引起下面人员的注意并指示方位。

烟火求救。在野外遇到危难时，连续点燃三堆火，火堆间距相等，白天可燃烧青树枝等产生浓烟，发出求救信号。

地面标志求救。在比较开阔的地面，如草地、海滩、雪地上可以制作地面标志。如把青草割成一定标志，或在雪地上踩出一定标志，与空中取得联系。一定要记住这几个单词：SOS（求救）、SEND（送出）、DOCTOR（医生）、HELP（帮助）、IN-JURY（受伤）、TRAPPED（受困）、LOST（迷失）、WATER（水）。

便民电话见下表：

名　　称	电话号码	名　　称	电话号码
公安报警	110	电话号码及信息查询	114
火　警	119	国际救援	112
急救中心	120	全国铁路统一客服	12306
公安短信报警	12110	安全生产举报投诉	12350
道路交通事故报警	122	质量监督投诉	12365
水上遇险求救	12395	环保举报热线	12369
红十字会急救台	999	消费者申诉举报	12315

续表

名　　称	电话号码	名　　称	电话号码
森林火警	12119	价格监督举报	12358
供电公司	95598	天气预报	12121
市民热线	12345	外交部全球领事保护与服务应急呼叫中心24 小时热线	12308

第二节 事故的现场救护

一、现场救护的基本原则

对一些危急的意外事故必须遵循先"救"后"送"的原则，即通过各种通信工具向救护站或医院呼救，在医护人员的远程指导下采取必要的现场救护措施，或直接送医院救治。

二、现场救护的常用方法

（一）人工呼吸法

人工呼吸是对呼吸停止的患者进行紧急呼吸复苏的方法。施行现场急救时，很多时候需要做人工呼吸。

口对口人工呼吸法：使病人仰卧，松解腰带和衣扣，清除病人口腔内的痰液、呕吐物、血块、泥土等，保持呼吸道通畅。救护人员一只手将病人下颚托起，并使病人头尽量后仰，将其口唇撑开，另一手捏住其鼻孔。救护人员深吸气后，对准病人的口，快速向病人口中吹气；病人胸部扩张起来后，停止吹气，并放松捏鼻子的手。待胸部自然缩回去，再做第二次。次数以每分钟14～16次（成人）、18～24次（儿童）为宜。

口对鼻人工呼吸法：病人因牙关紧闭等原因，不能进行口对口人工呼吸时，可采用口对鼻人工呼吸法，方法与口对口人工呼吸法基本相同，只是把捏鼻改成捏口，对住鼻孔吹气，吹气量要大，时间要长。

（二）胸外心脏按压法

因电击、窒息或其他原因导致心搏骤停时，应当使用胸外心脏按压法进行急救。方法：使病人仰卧在地上或硬板床上，救护人员跪或站于病人一侧，面对病人，将右手掌置于病人胸骨下段及剑突部，左手置于右手上，用力把胸骨下段向后压向脊柱，随后将手腕放松。每分钟按压100次。在进行胸外心脏按压时，宜将病人头部放低以利于静脉血液回流。若病人同时伴有呼吸停止，在进行胸外心脏按压的同时，还应进行人工呼吸。一般做30次胸外心脏按压后，接着做2次人工呼吸，循环进行。

三、创伤救护措施

由于撞击、摔打、坠落、挤压、摩擦、穿刺、拖拉造成人体闭合性、开放性创伤，骨折，出血，休克，失明等，现场救护的基本方法一般包括止血、包扎、固定和搬运等。

现场救护的基本方法一般包括止血、包扎、固定和搬运等。

107

止血：可采用压迫止血法、止血带止血法、加压包扎止血法等。

压迫止血法：适用各部位出血，可用干净敷料（如毛巾）直接压迫伤口，控制出血，及时就医。

止血带止血法：适用四肢发生离断伤时使用。

加压包扎止血法：头部有出血时，可用三角巾或绷带进行帽式包扎，加压包扎止血。

包扎：有外伤的伤员经过止血后，要立即用急救包、纱布、绷带或毛巾等包扎起来。如果是头部或四肢外伤，一般用三角巾或绷带包扎，如果没有三角巾和绷带，可以用衣服和毛巾等物品代替。

固定：如果伤员的受伤部位出现剧烈疼痛、肿胀、变形以及

不能活动等情况时，就有可能是发生了骨折。这时，必须利用一切可以利用的条件，迅速、及时且准确地给伤员进行临时固定。

搬运：经过急救后要迅速送往医院。搬运伤员是一个非常重要的环节。如果搬运不当会使伤情加重，严重的还可能造成神经、血管损伤，甚至瘫痪，难以治疗，给受伤者带来终身痛苦。如果伤员伤势不重，可采用背、抱、扶的方法将伤员运走。伤员有大腿或脊柱骨折、大出血或休克等

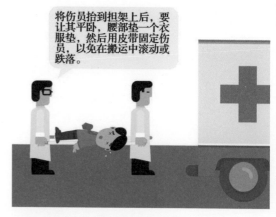

将伤员抬到担架上后，要让其平卧，腰部垫一个衣服垫，然后用皮带固定伤员，以免在搬运中滚动或跌落。

情况时，不能用以上方法进行搬运，一定要把伤员小心地放在担架上抬送。对于脊柱骨折的伤员，一定要用木板做的硬担架抬送。将伤员抬到担架上后，要让他平卧，腰部垫一个衣服垫，然后用三四根皮带把伤员固定在木板上，否则在搬运中易发生滚动或跌落，造成脊柱移位或扭转，刺激血管和神经，易导致下肢瘫痪。

保持平躺！

脊柱损伤无法固定时若必须搬运，应多人配合，统一指挥。

从高层搬运伤者可就地取材，如让伤者坐在椅子上，搬运时须注意方向。

四、家庭急救知识

家庭生活中难免有意外事故发生，了解些意外急救常识，有利于在家中进行急救，减少伤亡，还可协助医生做出正确诊断，以免在忙乱中延误病情。

（一）外伤出血

外伤导致大量出血时，伤者和救护者应尽量保持镇静，先让伤者躺下，查明受伤部位，立即止血。静脉出血颜色暗紫，流速徐缓均匀，多能直接在伤口处覆盖无菌纱布或清洁布料后用手压迫伤口而止血。动脉血颜色鲜红，随心跳呈波状喷出，须压迫固定的止血点才能止住，还要在止血点进行压力包扎，10～15分钟要松开一次，防止肢端坏死。人体主要止血点有12处，呈左右对称排列。前臂及肘部出血，应压迫肱动脉，肱动脉位于上臂内侧及肘窝的中间，将手由上臂下方伸入，用手指面将肱动脉压在肱骨干上。

下肢出血时，应压迫股动脉，让伤者躺下，以手掌根压于腹

股沟中央，把股动脉压在髂骨上。压迫包紧后立即送医院就诊。

（二）鼻出血

患者站立时，应低头，人往前倾斜 20 度左右，张嘴呼吸，一手大拇指和食指捏着鼻翼两侧，压迫 5～10 分钟，如 10 分钟后仍流血不止，需立刻送医院治疗。

患者坐着时，头部略向前倾，而不是将头仰起，令其用口呼吸，若一个鼻孔出血，可用手指压在患侧的鼻骨上，从外向中上部用力以压迫止血；若两侧出血，可捏紧鼻子的柔软部位约 10 分钟，也可用棉花滴上黄素或滴鼻净后填塞患者鼻子。患者接受止血处理后至少 4 个小时不得擤鼻、碰鼻。平时，可用薄荷油等油膏润滑鼻腔。应养成不随意挖鼻子的习惯。如仍出血不止或再度出血，应立即送医院治疗。

（三）骨折

就地处理，不要随意搬动患者，特别要保护好颈部和腰部，以防脊髓损伤造成瘫痪。要就地取材，上、下肢固定骨折部位至上、下两关节，可利用木棍、竹竿、扫帚把、雨伞、拐杖、厚纸板等现场能找寻到的物品。固定后立即送往医院，转送途中要尽量减少移动。开放性骨折，应先止血、包扎伤口后再固定；若有断骨露出，则应先盖以纱布，用环形垫垫放骨折外侧，保护好后再固定。

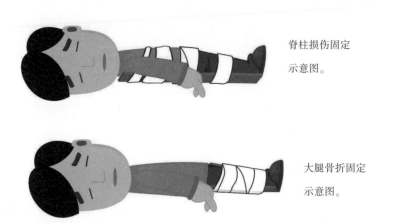

脊柱损伤固定示意图。

大腿骨折固定示意图。

上臂骨折固定
示意图。

（四）烧伤与烫伤

由火、电、开水等热力致伤或化学制品造成的灼伤、轻伤，

烫伤不要慌，立即用冷水冲。

触电时应立即切断电源。

皮肤未破者，先用大量流动清水冲洗10～15分钟，再涂上食物油、橄榄油或烧伤药膏；重者应盖上清洁布罩（不要接触伤部、防止粘连）并送往医院。强碱灼伤或强酸灼伤，均要用大量清水冲洗，再分别用弱酸（食醋）或弱碱（小苏打）冲洗中和，冲洗后，盖上干净敷料（如毛巾）并迅速送医院。

（五）触电

触电会使人体受到伤害，电流较大时甚至只需几秒钟就能致人死亡。所以触电急救的关键是及时。一旦发现有人触电，在保证自身安全的前提下，采用正确的方法使其脱离电源，然后根据伤者情况迅速采取人工呼吸或胸外心脏按压法进行抢救，同时拨打 120 电话请求急救。

发现有人触电，可用干燥的木棒将电线拨离触电者。

使触电者脱离电源的主要方法有：

拉闸：迅速拉下电闸，或拔出电源插头。对于照明线路引起的触电，因为普通电灯的开关控制的不一定是火线，所以还是要找到电闸将其拉下。千万不能用手直接去拉触电者。

拨线：若一时找不到电闸，应使用干燥的木棒或木板将电线拨离触电者。拨离时要注意，尽量不要挑线，以免电线回弹伤及他人。

112

砍线：若电线被触电者抓在手里或粘在身上拨不开，可设法将干木板塞到其身下，与地隔离，也可用有绝缘柄的斧子砍断电线。弄不清电源方向时，两端都砍。砍断后注意处理线头，以免重复伤人。

拽衣：若上述条件都没有，而触电者衣服又是干的，且施救者还穿着干燥的鞋子，施救者可找干燥毛巾或衣服包住一只手，拉住触电者衣服，使其脱离电源。此时要注意，施救者应避免碰到金属物体及触电者身体，以防出现意外。

以上几种操作中，救护人员最好能站在绝缘物体上或干木板上，既能救人，也能保护自己。必须指出，上述办法仅适用于 220/380 伏低压触电的抢救。对于高压触电，应及时通知供电部门采取相应的措施，以免产生新的事故。

脱离电源后，根据触电者伤势情况，采取相应的救护措施。对于接触电流小、接触电源时间短、触电部位在四肢而解脱电源又快的触电者，不要马上移动，应就近平卧休息 1 ～ 2 小时，以减轻其思想负担，同时注意观察生命体征变化，如无异常情况，一般很快恢复正常。对呼吸心跳停止者应立即向专业人员求助，同时进行胸外心脏按压和人工呼吸，这对挽救伤者生命起着重要作用。

（六）一氧化碳（俗称煤气）中毒

日常生活中，如在室内门窗紧闭的情况下使用煤球炉、无烟囱的火炉，或烟囱堵塞漏气、倒风，以及液化石油气、天然气燃烧不完全，或在室内通风不良的情况下，不正确地安装和使用燃气热水器均可能引起一氧化碳中毒。

在封闭的屋内烧火，当心一氧化碳中毒。

一氧化碳

113

轻度一氧化碳中毒的症状：患者出现头痛、头晕、失眠、视物模糊、耳鸣、恶心、呕吐、全身乏力、心动过速、短暂昏厥。中度一氧化碳中毒的症状：除轻度中毒症状加重外，嘴唇、指甲、皮肤黏膜出现樱桃红色，多汗，血压先升高后降低，心率加速，心律失常，烦躁，尚有思维，但不能自主行动，可能出现嗜睡、昏迷。重度一氧化碳中毒的症状：患者迅速进入昏迷状态，初期四肢肌张力增加，或有阵发性、强直性痉挛；晚期四肢肌张力显著降低，患者面色苍白或青紫，血压下降，瞳孔散大，最后因呼吸麻痹而死亡。

一旦发现有人一氧化碳中毒，应及时采取以下措施：迅速打开门窗，关上煤气，将病人抬到室外呼吸新鲜空气，但要注意保暖。对于轻度中毒的病人，可给其喝热浓茶，不但可抑制恶心，且有助于减轻头痛，一般1～2小时即可恢复，不必送医院。对于中度、重度中毒的病人，当呼吸不匀或呼吸微弱时，可进行人工呼吸。若病人呼吸、心跳都已停止，则应立即进行人工呼吸和胸外心脏按压，同时拨打120电话请求急救，有条件的可给病人吸氧。在医务人员未到来之前，要让患者保持侧卧，因为一氧化碳中毒的患者往往会发生呕吐，一旦呕吐容易造成患者窒息，发生危险。

（七）食物中毒

患者如果还清醒，可给患者喝大量的水或食盐水，再用手指压迫舌根使其呕吐；若神志不清，可将剩余食物、容器及呕吐物、排泄物与患者一同送往医院，以便分析病情，正确处理。

（八）毒虫咬伤

被毒蛇咬伤后不要惊慌奔跑，先在伤口上方（近心端）用带扎紧，将毒液吸出，可用空瓶或火罐以拔火罐的方式吸出毒液，然后立即送医院救治。蚂蚁、蜜蜂等毒虫的毒液呈酸性，可用弱碱性液体，如肥皂水、小苏打水、氨水等冲洗、涂敷伤口；黄蜂毒液呈碱性，可用弱酸性液体，如食醋、柠檬汁等涂擦。如毒液进入血液引起气喘，应立即送医院抢救。

（九）呕血、咯血

患者要绝对卧床，头侧向一方，暂勿搬动，可给患者口服中药三七粉、云南白药等止血药，随后尽快送往医院。

（十）中暑

一旦发生中暑，应立即将患者移到阴凉通风处仰卧休息，解开患者衣扣、腰带，用冷湿毛巾包敷患者的头部和胸部，不断给其降温。

患者能喝水时应让其马上喝凉开水、淡盐水、糖水或小苏打水，但千万不可急于给其补充大量水分，否则会引起呕吐、腹痛、恶心等症状。

患者呼吸困难时，要进行人工呼吸，若已失去知觉，可指掐人中、合谷（又称虎口）等穴，使其苏醒。

患者如因高热而昏迷不醒，应迅速送往医院治疗。

（十一）急症的现场处理

1. 猝死。猝死是指出乎意料的短时间内迅速发生的心跳、呼吸停止，导致死亡。施救时应将患者平卧，进行胸外心脏按压和人工呼吸，同时拨打120电话请求急救，尽快送往医院。

2. 昏迷。多见于高血压、糖尿病、甲状腺功能亢进等患者。

脑血管意外，又称中风，分为脑出血和脑梗死，其中最严重的是脑溢血。患者突然剧烈头痛或伴呕吐，继而昏倒在地，出现偏瘫、失语、口眼歪斜、大小便失禁、潮式呼吸（特点是呼吸逐步减弱和呼吸逐渐增强两者交替出现，周而复始，呼吸呈潮水涨落样），甚至全身抽搐。此时应立即取出假牙，防止窒息，在牙齿中用手绢等物做成牙填物防舌咬伤。若患者昏迷，应迅速将其摆放成侧卧位，保持呼吸道畅通，同时拨打120电话请求急救并通知家人。绝对卧床，减少搬运，送往附近医院抢救，待病情稍稳定后再送往大医院。

115

心源性休克，是指由各种原因引起的心脏泵血功能障碍，导致急性组织灌注不足而产生的临床综合征，多见于心肌梗死病人。患者因突然发生的大面积心肌梗死或原有的心脏病突发腱索断裂或严重心律失常而出现面色苍白、全身冷汗、肢端冰冷、血压下降、神志不清、呼吸微弱等症状时，应迅速将其摆放成平卧位，抬高双下肢30度左右，保持呼吸道畅通，同时拨打120电话请求急救并通知家人。

　　糖尿病昏迷，指糖尿病患者没得到良好的正规治疗，遇到意外情况，如感染、外伤，使糖尿病加重而出现的昏迷。初期是感到恶心、呕吐、口渴、乏力，继而面色潮红、呼吸加快、口中呼出的气体呈烂苹果味，心慌、意识淡漠、血压下降，严重者出现昏迷。若患者昏迷，应迅速将其摆放成侧卧位，保持呼吸道畅通，倍量服用降糖药，饮水，同时拨打 120 电话请求急救并通知家人。

　　3. 心绞痛发作。患者突然出现胸骨后或心前区疼痛，呈紧迫感或压迫感，有的向左肩背、左上肢放射，并出现胸闷、气急，面色苍白等症状，持续 3～5 分钟。此时应立即给患者服下硝酸甘油类药（如消心痛）、特效救心丸、麝香保心丹，同时拨打 120 电话请求急救并通知家人。

图书在版编目(CIP)数据

居民日常生活安全指南 / 孙黎明主编.—杭州:浙江
教育出版社,2018.4
ISBN 978-7-5536-7296-0

Ⅰ.①居… Ⅱ.①孙… Ⅲ.①生活安全-指南
Ⅳ.①X956-62

中国版本图书馆 CIP 数据核字(2018)第 074393 号

居民日常生活安全指南

JUMIN RICHANG SHENGHUO ANQUAN ZHINAN

孙黎明　主编

责任编辑:葛　武　　　　　　　　责任校对:陈云霞
美术编辑:韩　波　　　　　　　　责任印务:吴梦菁
出版发行:浙江教育出版社
　　　　　(杭州市天目山路40号　邮编:310013)
图文制作:浙江新华图文制作有限公司
印刷装订:丽水市旺盛印刷有限公司

开　　本:710mm×1000mm　1/16
印　　张:8　　　　　　　　　　字　　数:160 000
版　　次:2018 年 4 月第 1 版　　印　　次:2018 年 4 月第 1 次印刷
标准书号:ISBN978-7-5536-7296-0
定　　价:28.00 元